ヒューマンコンピュータ
インタラクション

―人とコンピュータはどう関わるべきか？
人間科学と認知工学の考え方を
包括して解説した教科書―

博士（学術） 米村　俊一 著

コロナ社

ま　え　が　き

現代社会では「コンピュータ」という言葉を知らない人はいないといえるほど，コンピュータ技術がわれわれの生活に浸透しています。最初のコンピュータ ENIAC が 1946 年に開発されて以来，コンピュータ技術はムーアの法則に従って指数関数的に発達し，数年前までは不可能と思われていた将棋や囲碁において，世界のトッププロが敵わないまでに能力が向上しました。コンピュータの利用形態は，当初は大型のメインフレームマシンで科学者が特殊な計算を行うことが主でしたが，コンピュータの発達に伴って PC（パーソナルコンピュータ）を個人が所有する形態に変化し，さらには技術とは無関係な一般ユーザが，スマートフォン（通話機能付きコンピュータ）や PC など複数のコンピュータを所有する形態へと変化しました。生活家電の中でもコンピュータが使われるようになり，コンピュータ技術が導入されていない電化製品を探すのは難しいほどで，コンピュータ技術がわれわれの生活を支えているといっても過言ではありません。

その一方，コンピュータ技術が社会に浸透すればするほど機器の挙動がわかりにくくなり，コンピュータを利用して恩恵を受けられる人と恩恵を受けられない人との格差，つまりデジタルデバイドが拡大しています。デジタルデバイドを生む背景には，さまざまな機器を設計する技術者が，人間の特性をよく理解しないまま恣意的にユーザインタフェースを設計するため，設計者と利用者との機器利用に関するメンタルモデルが乖離しているという実態があります。したがって，多くの技術者が人間の特性を理解し，人とコンピュータとがどのように相互作用するのか，ユーザにとって使いやすい機器を設計するにはどうすればよいのか，つまりヒューマンコンピュータインタラクション（human computer interaction，HCI）を理解する必要があります。HCI は，人間と情報システムとの相互作用を理解する学問領域です。HCI では，人間の心理的側面および生理的側面に関する知見と，コンピュータをベースとするディジタル技術に関する知見とをつなぐことで，人とコンピュータとのギャップを解消し，多くの人に技術の恩恵が及ぶことを目指します。

現在，HCI に関するさまざまな書籍が刊行されていますが，それらはたいてい，例えば Web に特化したデザインテクニックやデータ分析，あるいは認知心理学に特化した専門家向けの書籍であることが多いのが現状です。一方，コンピュータに関わる技術者向けにわかりやすく書かれた HCI の解説書は多くありません。そこで本書では，技術者向けの HCI 解説書を提供することで，コンピュータに関わる技術者の知識拡大に貢献したいと考えています。

本書では，技術者が HCI を理解しやすいことに主眼を置き，全体を 3 部構成としました。第 I 部では「人間の基礎的な心身特性を理解する」として，まずは人間の心理学的・生理学的な基礎知識を提供します。ここで提供する知識は，インタラクションの主役である人間の基礎特性に関する知識であり，インタラクション設計におけるアイディアの源泉となります。第 II 部では「インタラクションの設計技術を理解する」として，入出力機器のインタフェース設計の事例，および人間を中心に据えてシステムを設計する場合に基礎概念となる知識を提供します。第 III 部では「インタラクションの評価技術を理解する」として，インタラクション設計では不可欠な人間の行動評価に関する基礎知識を提供します。インタラクションの評価技術は，プロトタイプを用いる繰返し設計では不可欠であり，システムの目的に合わせて適切に評価を行うことが重要です。

本書では，筆者の講義で質問の多い事項や具体的な事例が紹介されている Web サイトを紹介するため「このキーワードで検索してみよう！」というコラムを掲載しています。インターネット上ではさまざまな事例が公開されていますので，是非，ネット検索を行って HCI 技術の知識を深めていただきたいと思います。

本書を通じて，より多くの技術者に HCI 技術の素養を深めてもらい，使いやすく，楽しい情報機器・サービスを開発していただきたいと願っています。

2021 年 2 月

米村　俊一

目　　　次

第Ⅰ部　人間の基礎的な心身特性を理解する

1.　人間の感覚と知覚

2.　脳の機能と人間の情報処理モデル

3.　人間の行動モデル

4.　心身特性の計測

5.　人と環境との相互作用

6.　ヒューマンエラー

第Ⅱ部　インタラクションの設計技術を理解する

7.　入力機器と出力機器のインタフェース

8. インタラクションの設計プロセス

9. 人間中心設計の概念

10. ユニバーサルデザイン

11. CMC：コンピュータを介するコミュニケーション

第 III 部　インタラクションの評価技術を理解する

12. 行　動　計　測

13.　ユーザビリティ（UI）とユーザエクスペリエンス（UX）

14.　プロトタイピングとユーザテスト

15. 質問紙とインタビュー

第Ⅰ部　人間の基礎的な心身特性を理解する

1

人間の感覚と知覚

人間の行動特性には，（本能に支配される）根源的で変わりにくいものと，状況の変化に合わせて（学習によって変化する）適応的なものが混在しています。インタラクションを考える上では，このような人間の心身特性を十分理解することが重要です。この章では，情報の入口として根源的な機能である感覚と知覚について概説します。

1章のキーワード：

感覚，知覚，認知，生物，摂食/攻撃と逃避/生殖，縄張り/群れ行動，視覚/聴覚/嗅覚/触覚/味覚，運動感覚/平衡感覚/内臓感覚，ウェーバーの法則，ウェーバー・フェヒナーの法則，錐体細胞/桿体細胞，暗順応/明順応，眼球運動，感覚モダリティ，外耳/中耳/内耳，鼓膜，有毛細胞，可聴帯域，等ラウドネス曲線，音の3要素，ヘルツ，基音/倍音

1.1　人と道具との関係

人が進化史の上で猿人と分岐したのはいまから約250万年前で，その遠い祖先はアウストラロピテクスといわれています。アウストラロピテクスは，すでにその時代において石器などの道具を用いていたことがわかっています。われわれ人類の直接の祖先であるホモ・サピエンスが東アフリカで出現するのは，それから230万年後，つまりいまから20万年前と考えられています。ホモ・サピエンスも道具を使っていましたが，アウストラロピテクスの石器と比較すると格段に多様であり，進化した形の道具であったといわれています。つまり，人と道具との関係は250万年前に始まっており，道具は人にとって不可欠の存在であったといえます。それらの道具は，18世紀の産業革命において格段の進歩を遂げますが，1900年代中期にコンピュータが発明されて以降，それまでとは次元の異なる進歩を遂げながら現代に至ります。このコンピュータ革命以降の道具は，その多様性および性能が飛躍的に向上しますが，同時に道具としての扱いにくさも格段に大きくなってしまいました。例えば，石器時代であれば獲物を仕留めるために石を削って矢じりをつくりそれを棒の先に固定すれば，誰が見てもその使い方がすぐにわかる「槍」という道具ができあがります。一方，コンピュータ時代の現代においては狩猟道具といっても槍からドローンに至るまで実にさまざまな形態があり，さらにそれら道具にはさまざまな制御用スイッチが付いているため，道具を一見しただけではどう使えばよいのかわかりません。

このような状況は，狩猟のような特殊な場だけの問題ではなく，われわれの日常生活のさまざまな場面でも同様に起こります。例えば，歯を磨く道具である歯ブラシは，手動の歯ブラシであればその使い方は見ればわかりますが，コンピュータ制御された電動歯ブラシになった途端，どのボタンをどの順番に押せば所望の動作を起こせるのかあらかじめ学習しておかなければ，その歯ブラシを制御してうまく使いこなすことはできません。あるいは，暑い夏の寝苦しい夜に，団扇（うちわ）であればその使い方は見ればわかりますが，コンピュータ制御されたエアコンを動かそうとすると，まずはリモコンを探し出し，さらにリモコンのどのボタンをどのような順番で押せば冷風を出せるのかあらかじめ学習しておかなければ，そのエアコンを制御してうまくその目的の動作をさせることはできません。風が吹き出す実体であるエアコン本体には道具を直接制御する機構はなく，リモコンという本体とは分離された遠隔制御機構でしか本体の制御ができないことも，コンピュータ制御という道具の特徴をよく現しています。

つまり，石器の時代から延々と培われてきたさまざまな道具は，コンピュータ革命以前のものはある程度直感的に操作できましたが，道具がコンピュータで制御されるようになった途端，ほとんど直感的には操作できなくなってしまったのです。もちろん，機器の設計者はユーザがその機器を使用する場面を想像しながら機器の設計を行いますが，どの場面で，どのボタンを，押すのか引くのか，設計者が設計したとおりにユーザが操作するとはかぎりません。つまり，設計者の意図がユーザに伝わらなければ，ユーザにとってきわめて使いにくい機器が生まれてしまうのです。では，どうすれば，そのようなギャップを回避できるのでしょうか？

これには，機器の設計者がユーザの心身特性を理解する以外に，解決方法はありません。つまり，どのような場面（環境）において，どのような情報が提示されたとき，どのような行動をユーザがとるのか，そのようなユーザの心身特性を設計者が理解した上で，機器やサービスの設計を行うことが重要となるのです。

1.2 人間はなぜ感覚・知覚機能を有するのか？

これに対する回答は，端的にいえば，生きていくために**感覚・知覚機能**は人間にとって，不可欠だからです。生きている，つまり**生物**とは，つぎの三つの特徴を備えている存在を指します。

① **外界と膜で仕切られている**：　体の中と外が区別されていて，その境界には膜がある，つまり膜に覆われた体（細胞）をもつこと。

② **代謝する**：　代謝とは細胞内と細胞外で物質のやり取りを行うこと。つまり，生き物であれば外界からエネルギーを取り込み（いわゆる食べる），不要な物質を排出（いわゆる排泄）すること。

③ **自己複製する**：　自分と同じ細胞を複製すること。自己複製とは自分と同じ構造をもつ細胞のコピーをつくること，つまり子孫をつくること。

このように生き物とは，なんらかの体（細胞）をもち，外部から物質（エネルギー）を摂取するとともに不要な物質を排出し，子孫を増やす（自分と同じ細胞を複製する）という存在なのです。大雑把にいえば，生き物である以上，① 体があり，② 摂食と排泄を繰り返し，③ 子孫を増やして進化する，という一連の行為から逃れられない宿命を背負っているということです。

われわれ人間も，地球上に生命が発生した38億年前から，自らの体を保ちつつ，食べることと排泄を日々繰り返し，生殖を通じて子孫を増やしながら環境に適応してきたからこそ，現在の形にまで進化できたのです。特に多細胞の大きな生き物であれば，その大きさに対応するだけの多くのエネルギーを必要とします。特に5億4 000万年前のカンブリア紀大爆発以降，他の生物がもっているエネルギーを丸ごと奪う，つまり捕食（獲物を捕まえて食べる）によって効率的に生命維持をしようとしてきた歴史が生き物の進化です。食べる立場（捕食）の生き物が存在する一方，食べられる立場（被食）の生き物も存在します。一般的な動物の世界であれば，例えば，菌類を虫が食べる→虫を小型動物が食べる→小型動物を大型（肉食）動物が食べる，といったいわゆる弱肉強食の関係が成立しています。特に人間以外の動物の場合には，自分よりも強い捕食者によって食べられないようつねに細心の注意を払いながら，自分よりも弱い動植物を食べる（および排泄する）ことを生涯にわたって繰り返し，その間，自分の複製をつくって子孫を残すことが生きる目的となります。

この「生きる」営みを円滑に行うための基本機能が，① **摂食**，② **攻撃と逃避**，③ **生殖**，また，①～③の成功率を上げるための④ **縄張り**，および⑤ **群れ行動**，です。われわれがもっている**視覚**，**聴覚**，**嗅覚**，**触覚**，**味覚**などの**感覚・知覚機能**は，「生きる」こと，つまり前述の①～⑤の行動を円滑に遂行する上で不可欠であることがわかります。

感覚・知覚機能を用いて外界で起こるさまざまな変化をつねに探知し，認知機能を用いて外界の変化を解釈することで自らの最適な行動に役立てているのです。このような人間の基本機能や行動様式は，コンピュータの時代であってもなんら変わることはありません。人間が生活する環境は古代のジャングルからコンクリートのビルに代わり，情報伝達メディアはface to faceのみの直接的な伝達に代わってディジタルネットワークを介する間接的なメディアを含む多様なチャネルを利用できるようになりましたが，感覚・知覚・認知機能を用いて外界を探査し，摂食/攻撃と逃避/生殖を行うという「生きるための行動様式」は古代から変わっていません。

コンピュータを用いた高度な機器やサービスを設計する場合であっても，このような人間の基本的な行動様式やそれら行動で必要とされるさまざまな感覚・知覚の特徴や限界をしっかりと理解し，それらの要因を考慮に入れたやさしいインタラクション技術が求められます。そのような「人間にやさしいインタラクション技術」を未来に向けて開発していくためには，まずはわれわれ自身のことをよく知る必要があります。

1.3 人間の感覚/知覚/認知に関する基本的な特性

1.3.1 感覚/知覚/認知とは？

感覚（sensation）とは，受容器（眼，耳などの感覚器全体を指す）に刺激（各受容器に固有に働く刺激で，目に対しては光など）が入力されたときに生じる意識内容を指します。例えば，視覚であれば「明るさ」や「色」などです。感覚には，視覚，聴覚，嗅覚，味覚，触覚の五感に加え，**運動感覚**，**平衡感覚**，**内臓感覚**があります。これらの感覚内容を**モダリティ**（modality，**感覚様態**）と呼んでいます。**知覚**（perception）とは，感覚情報に過去の記憶や欲求による意味や感情が付け加えられたものです。例えば，視覚でいえば「特定の形」や「文字」などです。**認知**（cognition）とは，得られた種々の知覚情報から，知覚された対象がなに（意味や概念など）であるかわかることです。

例えば，人間が視覚的な認知を行うプロセスでは，つぎのような感覚プロセスが動いていきます。① なにか明るいものがあるぞ（感覚），② 赤い花で刺（とげ）があるぞ（知覚），③ これはバラの花だ（認知）。われわれの生活の中では，バラの花を見れば瞬時にバラの花を見たように思いますが，実際にはこのようなプロセスが順次進行していき，最後の段階でバラの花であることが特定されます。

1.3.2　取得した感覚情報には省略・強調・補完が施される

人間の感覚情報取得では，単一チャネルによる情報処理が行われます。つまり，人間の情報処理能力には限界があります。俗に「聖徳太子ゲーム」といわれる遊びがあります。これは，鬼役の周りを複数人で取り囲み，いっせいに鬼に向かって言葉を発します。言葉の発話が終わった後，鬼役は周りがなにをいっていたかを問われるというゲームです。周りに大勢の人がいていっせいに発話された場合，一人とか，せいぜい二人くらいの発話内容しか聞き取れません。音声言語という一つの情報チャネルに複数の情報が入力されても，人間の側で処理しきれないのです。お察しのとおり，その昔，聖徳太子が 10 人の言葉を同時に理解できたという言い伝えにちなんで，このゲームは「聖徳太子ゲーム」といわれています。一つのモダリティ内では，人間の情報処理能力はそれほど高くありません。また，感覚器で取得した情報はすべて脳に伝送されるわけではなく，途中で省略されたりします。例えば，われわれの眼球内には 1～2 億個の視細胞がありますが，眼球で取得した信号を脳に伝送する視神経の本数は 100 万本程度です。明らかに，センサの数と伝送容量が合いません。一方，このような感覚・知覚の基本特性を補うかのように，感覚器から取得された情報は脳に伝送された後に，さまざまな強調や補完が施されることがわかっています。

つまり，われわれの感覚器官では，外界から取得した情報を効率的に処理するために入力情報の絞り込み（省略）を行って，必要な情報だけを脳に効率よく送り込み，不足している情報は脳内で補完する，という処理が行われているのです。このような仕組みは，地球という環境に効果的に適用するための洗練された機構であり得ますが，この仕組みが例えば錯覚などの不都合な情報処理につながる場合もあります。

例えば，さまざまな錯視が知られています。**図 1.1** は，**ミュラー・リヤー錯視**と**フィック錯視**の例です。左側の図 (a) がミュラー・リヤー錯視，右側の図 (b) がフィック錯視です。図 (a) のミュラー・リヤー錯視では，矢が内側に閉じた上側の図の中棒の長さが下側の矢が外側に開いた図よりも短く見えますが，実際には上下の図で中棒の長さは同じです。図 (b) のフィック錯視で

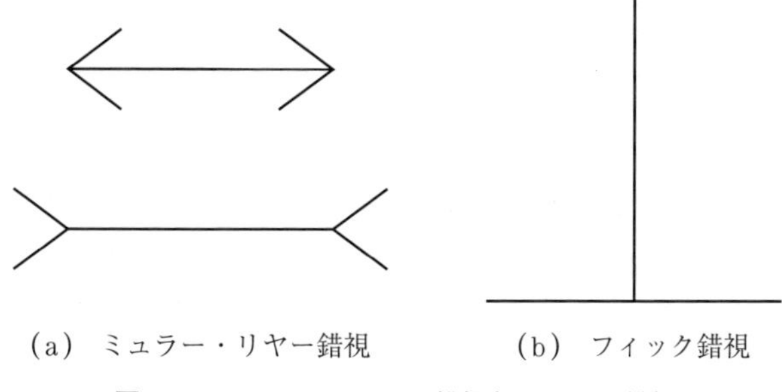

(a) ミュラー・リヤー錯視　　(b) フィック錯視

図1.1 ミュラー・リヤー錯視とフィック錯視

は，縦棒の長さが横棒の長さよりも長く見えますが，実際には縦棒と横棒は同じ長さです。

図1.2は，**ポッゲンドルフ錯視**の例です。図に示すように，ポッゲンドルフ錯視では前景の壁の後ろに斜め線が見えます。まずは左側の図(a)を見てください。

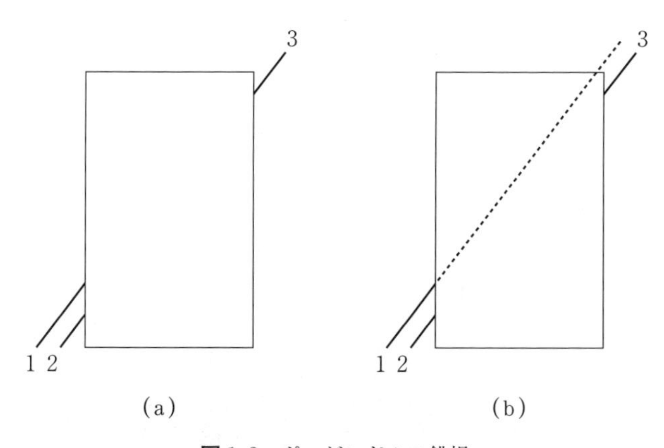

(a)　　(b)

図1.2 ポッゲンドルフ錯視

この図(a)で，線分3を延長すると線分1につながるのか，それとも線分2につながるのかを判断してください。答えは図(b)に示したとおりです。図(a)では，線分3を延長すると線分1につながるように見えますが，実際に線分3を延長すると線分2につながっていることがわかります。このように，背景の線分を前景の障害物で遮ることによって直線がずれて見えます。

幾何学的な錯視だけでなく，色に関する錯視も知られています。**図 1.3** は，**ホワイト効果**として知られている錯視です。図では，黒い格子に灰色部分が重なっていますが，左側の灰色部分よりも右側の灰色部分のほうが暗い灰色に見えます。しかし，どちらの灰色も同じ明るさの灰色です。同じ明るさの灰色であるにもかかわらず，黒い線の上にある灰色のほうが，隙間の白の上にある灰色よりも明るく見える錯視です。

図1.3　ホワイト効果

図 1.4 は，**マッハ効果**として知られている錯視です。図では，各タイルパターンの境界部分において，より色の白いタイルと接する側の境界線が暗くなり，より色の黒いタイルと接する側の境界線が明るくなっているように見えます。実際にはどのタイルも均一な明るさであり，隣り合うタイルの境界部分にグラデーションがかかったように見えるのは錯視です。

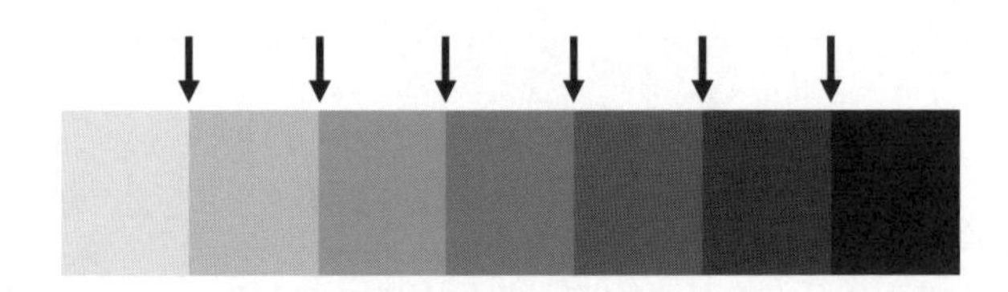

図1.4　マッハ効果

1.3.3　ウェーバー・フェヒナーの法則

人間の感覚量に関する精神物理学的に重要な法則が，**ウェーバーの法則**

（Weber's law）および**ウェーバー・フェヒナーの法則**（Weber–Fechner law）です。

(1)　**ウェーバーの法則**：

初めに与えられる基礎刺激量の大きさを R とするとき，刺激量の大きさを徐々に変化させていき，刺激量が $R + \Delta R$ になったときにこの ΔR が刺激量の弁別が可能な最小の刺激変化量であるならば，$\Delta R/R$ は一定です。この法則をウェーバーの法則といいます。

$$\frac{\Delta R}{R} = \text{Const.} \tag{1.1}$$

ここで，ΔR：**弁別閾**（刺激の変化量がわかる最小の刺激の差），R：**刺激の強さ**，です。

式 (1.1) より，元の刺激の大きさが 10 倍になった場合，違いがわかる最小量も 10 倍になることがわかります。例えば，静かな場所であれば小さな声で話しても話声が聞こえますが，電車内のように大きな騒音のある場所では，大きな声で話さなければ話声が聞こえないことになります。これは，われわれが日常生活で経験する事実と一致しています。

(2)　**ウェーバー・フェヒナーの法則**：

この法則は，フェヒナー（Fechner）がウエーバーの法則を基に導出した法則で，人間の感覚の強さ E は物理的な刺激強度 R の対数に比例することを示す法則です。

$$E = K \log R \tag{1.2}$$

ここで，E：**人間が感じる感覚の大きさ**，K：**比例定数**，R：**物理的な刺激の強さ**，です。

式 (1.2) が示すように，われわれが感じる感覚量の大きさ E は，刺激の物理的な強度 R の対数で表されます。つまり，人間が 2 倍の刺激と感じるためには，物理的な刺激強度を 2 乗にしなければならないということになります。

1.4　視覚の仕組みとその特性

1.4.1　視覚の仕組みとその特性

視覚の受容器は眼です。眼の構造はカメラに例えることができ，カメラのレンズが眼の水晶体（lens），カメラの撮像面に相当するのが網膜（retina）です。**図 1.5** は，眼の仕組みとカメラの構造を比較したものです。われわれの眼の網膜には，光を感じる視細胞として**錐体細胞**（cone）と**桿**（杆）**体細胞**（rod）という 2 種類の細胞があります。錐体細胞は明暗の他に色を感じることができ，眼の内部にある中心窩近辺に密集しています。この中心窩付近の錐体細胞によって，対象物の像をカラーで鮮明に捉えることができます。一方，桿体細胞は明暗のみを感じ，色を感じ取ることはできません。桿体細胞は網膜上では錐体細胞の周辺部を中心として分布しており，わずかな光でも捉えることができます。

眼球の網膜上には約 1 億 3 000 万個もの数の光の受容体があります。一方，

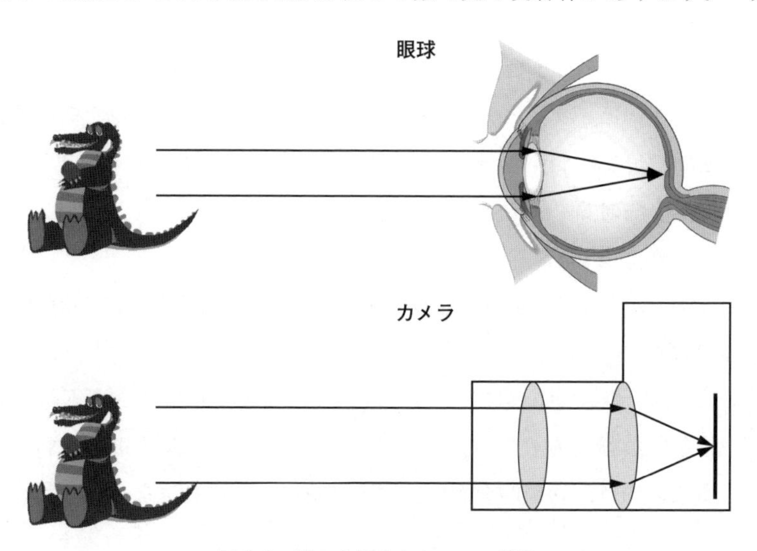

図 1.5　眼の仕組みとカメラの構造

受容体で捉えた光の信号を脳に伝達するための視神経繊維の本数は約 100 万本しかありません。これは，視覚情報が視神経を介して脳に届くまでに網膜内で前処理が行われていることを示唆しています。視神経繊維数 100 万本をディジタルカメラの画素数で考えれば 1 000×1 000 ドットであり，現在市販されているコンパクトディジタルカメラの 10 分の 1 程度でしかありません。画像を少し引き延ばせばドットの模様が見えるような解像度です。しかし，われわれが日常目にする風景は高精細でドットなどは見えません。つまり，われわれの感覚情報は，感覚受容器で信号を捉えてからそれらを脳内で処理するまでの過程において，さまざまな加工が施されていることがわかります。

1.4.2　明順応と暗順応

(1)　**暗　順　応**：

例えば，昼間に外を歩いていてそのまま映画館に入ると，館内は真っ暗でしばらくなにも見えず，通路を歩くのも危なっかしいような経験をすることがあります。しかし，徐々に周りが見えてきて，はじめは真っ暗だと思っていた館内が見えるようになります。これは**暗順応**（dark adaptation）という現象で，明るいところから暗いところへ入ったときの順応です。暗順応で見えるようになるまでの時間は，約 20〜30 分程度です。

(2)　**明　順　応**：

逆に，暗い映画館から外の明るい場所に出ると，外に出た瞬間はまぶしくて周りが見えませんが，すぐに順応して見えるようになります。これが**明順応**（light adaptation）です。暗い場所から明るい場所に出たときの順応です。明順応で周りが見えるようになるまでの時間は，通常約 2〜3 分です。

例えば，高速道路のトンネルでは明暗順応を考慮した設計がされています。昼間の走行では，明るい場所から暗いトンネルに入ると暗順応するまでの間が危険であるため，トンネルの開口部では，コンクリート製の広いアーチを取り付けて開口を広くしたり，あるいは照明を増やすなどして入口付近の明るさを保ち，トンネルを進むにつれて開口を狭くしたり．あるいは照明を減らすなどして，徐々に暗くなるように設計されています。

1.4.3 眼　球　運　動

われわれが眼球を動かす行為，すなわち**眼球運動**には，自分の意志で動かすことのできる運動（**随意運動**）と，そうでない運動（**不随意運動**）があります。随意運動には，(1) **サッカディック眼球運動**（saccadic movement，saccade，**サッケード**ともいう），(2) **追従眼球運動**（smooth pursuit movement），および (3) **輻輳・開散運動**（vergence movement），があります。

(1) **サッカディック眼球運動**：

例えば，駅のホームに電車が入ってくると思わず電車の動きを見たりしますが，このとき，われわれの眼球は素早く跳躍的に動きつづけるような状態になります。これがサッカディック眼球運動です。眼球の素早い跳躍的な動きは，読書時に文字を追う場合などにも見られます。眼球は，停留とサッケード（跳躍）を繰り返しながら視覚情報を読み取っていきます。サッケードに要する時間は 20～700 ms，停留時間は 150～500 ms です。サッケードの頻度は 2～4 回/秒程度です。このように眼球は激しく動いているので網膜上の画像は揺れているはずですが，われわれが見ている世界は激しく揺れたりしません。視野の安定性は，網膜上の視覚像を眼球の動きと逆方向に同じ大きさで変位させることで実現されていると考えられています。さらに，この変位という情報操作を行っている間に発生する情報の空白（視覚情報が入ってこない）は，脳内で補完されると考えられています。眼球という受容器で取得した視覚情報は，驚くほど巧みな脳との連携によって省略・強調・補完が施され，われわれの生活に役立つ情報となっているわけです。

(2) **追従眼球運動**：

ゆっくりと動く対象物を見る場合，その運動する対象を視線で追いかけるときに連続的で低速の眼球運動が起こります。これが追従眼球運動です。

追従眼球運動では，眼球が 25～30 °/s 程度で動くことが知られています。

(3) **輻輳・開散運動**：

近くにある対象を見るとき，両眼の視軸（中心窩と注視点を結ぶ線）がその対象付近で交差するように動く運動が**輻輳運動**です。サッケードや追従眼球運動では，両目の眼球は同じ方向に動きますが，輻輳運動の場合には両目の眼球はたがいに逆方向に動きます。近くの対象から遠くの対象に視線を移したとき，両眼が離れる運動が**開散運動**です。

1.4.4 明視の条件：ものが見えるための 4 条件

例えば，われわれは細菌やウイルスを肉眼で見ることはできません。また，明るい場所では見えるものでも，暗い場所では見えなくなってしまうこともあります。では，どんな条件を満たせばものが見えるのでしょうか。対象物が見えるためには，① 大きさ（視角），② 明るさ，③ コントラスト（対比），④ 露出時間，の四つの条件を満たす必要があります。

① **大きさ（視角）**：

対象物をはっきりと視認するためには，対象物が一定以上の大きさを有することが必要です。通常，これを**視角**で表します。どの程度の視角まで見えるかを測定する方法として**視力**があります。**図 1.6** に示すように，視力は視認できる最小視角の逆数で表され，その基準は 1 分（1° の 60 分の 1 の角度）の視角が視認できる視力が 1.0 です。視力検査では，5 m の距

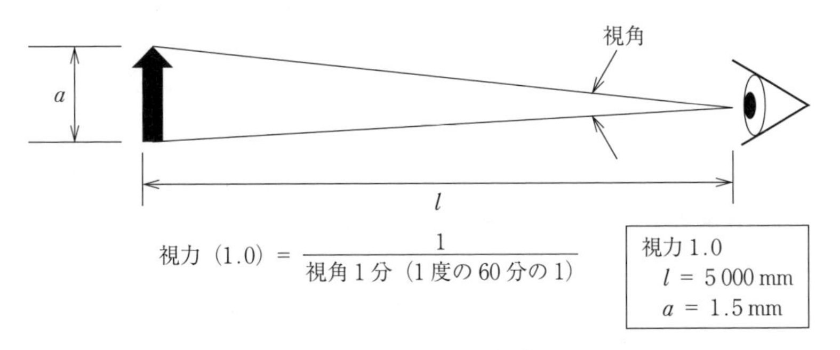

図1.6 視力の基準

離から1.5 mmの大きさが見分けられれば，その視力は1.0となります。

② **明　る　さ**：

暗い場所では小さな対象物は見えません。はっきりと見るためには明るさが必要で，視力は**照度**により変化します。例えば，会議室などでは最低300ルクスの照度が必要ですが，製図室など細かい作業を行う部屋では最低でも750ルクス以上の照度が必要とされます。

③ **コントラスト（対比）**：

白い紙の上に白の色鉛筆で書いても対象物は見えません。**図1.7**に示すように，対象物が明瞭に見えるためには図（前景）と地（背景）との**コントラスト（対比）**が必要です。

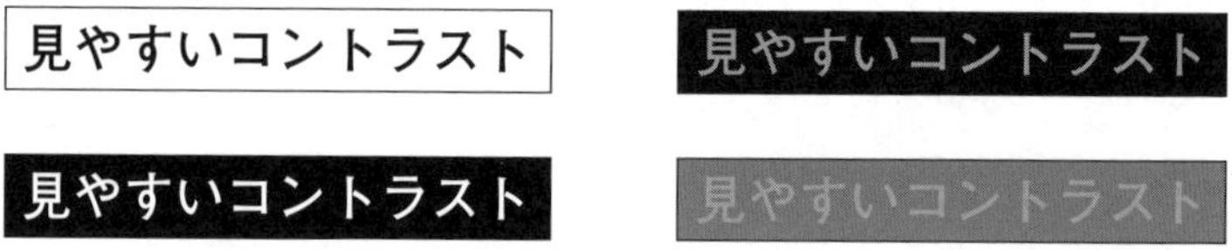

見やすいコントラスト　見やすいコントラスト

見やすいコントラスト　見やすいコントラスト

図1.7　図（前景）と地（背景）とのコントラスト（対比）

ディスプレー装置上で必要な最低限のコントラスト（明度差）については，JIS規格（JIS X 8341-3:2010）でも規定されています。

④ **露出時間**：

対象物を，ごくわずかな瞬間だけ提示されてもそれを見ることはできません。対象物を見るためには一定時間以上の露出時間が必要です。一般的には，視覚の時間分解能は約50〜100 ms程度であることがわかっており，0.1秒以下の露光時間では対象物を視認する能力がかなり低下するといわれています。

1.4.5　視覚情報を用いることの長所と短所

コンピュータのアプリケーションを開発する際，情報を受け取る側である人間（ユーザ）のモダリティ，およびその特徴について意識する機会はあまり多くないかもしれません。しかし，ユーザに対しシステムから適切に情報を伝達するためには，人間の**感覚モダリティ**の特徴を理解することが必要です。コンピュータシステムのHCIにおいて，特に視覚情報を用いることの長所と短所はつぎのとおりです。

【視覚情報を用いる長所】

① 同時に複数の情報を与えることができる。

② 色や形を使い分けることで質の異なる情報を与えることができる。

③ 視覚は敏感な感覚で反応時間が早いため短時間で伝達できる。

④ 広い範囲でわずかな差を検出することができる。

⑤ 時間的に先立つ刺激の影響（例えば前の刺激の残像など）が残りにくい。

【視覚情報を用いる短所】

① 見るべき対象に注意を向ける必要がある。

② 情報提示の状況によっては不本意な錯視が起こる場合がある。

③ 感覚器が疲労する。

なにかと時間に追われるアプリケーション開発では，ついディスプレー装置に視覚的な情報を提示すれば十分と思いがちですが，必ずしもそうではありません。人間の感覚器官の特徴を理解し，システムの利用者に対して効果的・効率的に情報伝達できるように適切なメディアを選択する必要があります。

1.5　聴覚の仕組みとその特性

1.5.1　聴覚の仕組み

人間の聴覚は，20～20 000 Hzの周波数帯域をカバーし，音圧レベルでは20 μPa～20 Paまでの100万倍のダイナミックレンジをもつ非常に高性能な器官です。

人間の耳は，**図1.8**に示すように，その構造として外側の耳介（耳たぶ）から順に**外耳**/**中耳**/**内耳**に分類されています。外耳から入った音は，中耳にある**鼓膜**を振動させ，その振動は**ツチ骨・キヌタ骨・アブミ骨**を経由して内耳の**蝸牛**内にある聴覚の神経細胞に到達し，これを刺激します。鼓膜の振動は，ツチ骨→キヌタ骨→アブミ骨へと伝搬しますが，鼓膜とこの三つの**耳小骨**により音

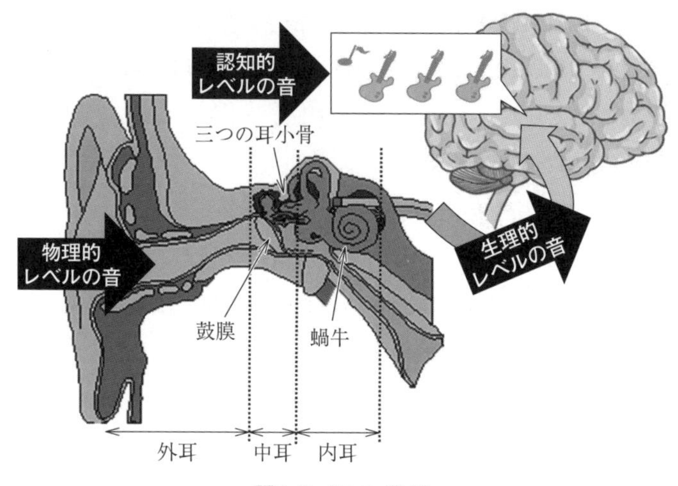

図1.8　耳の構造

圧が約 22 倍（約 30 dB）にも増幅されます。ここで増幅された音の振動は内耳にある蝸牛の中のリンパ液中を伝搬しながら，音の受容器である**有毛細胞**に伝えられます。内耳は，カタツムリに似た形をしているため蝸牛と呼ばれています。蝸牛は渦巻管になっており，その管の中は**前庭階**，**中央階**，**鼓室階**の 3 階層構造になっています。蝸牛管はリンパ液で満たされており，蝸牛に伝達された音の振動が有毛細胞を刺激し，これが電気的信号に変換されて脳に伝えられます。

可聴帯域は約 20 Hz～20 kHz ですが，特に 1～3 kHz の帯域について感度が高いことが知られています。聴覚の感度は加齢に伴って低下しますが，特に高音域で顕著に低下します。

1.5.2　等ラウドネス曲線：聴覚感度の周波数特性

人間が感じる音の強さ（音圧レベル）は，周波数によって異なります。1 kHz の純音（正弦波）を基準音として，音の周波数を変化させた場合，基準音と等しい大きさであると感じた音圧をプロットしたグラフを「**等ラウドネス曲線**」といいます。耳で聴くことのできる最小の音圧レベルを**最小可聴値**といい，最大の音圧レベルを**最大可聴値**といいます。

最小可聴値および最大可聴値は，音の周波数によって異なります。人間の聴覚は，物理的に与えられる音圧レベルが同一でも，音の周波数が変化すれば知覚される音の大きさ（ラウドネス）が異なります。等ラウドネス曲線は，さまざまな周波数の音圧レベルを評価したとき，1 kHz の基準音と等しいと感じた音圧レベルを周波数と音圧レベルのマップとして等高線で結んだものです（**図 1.9**）。

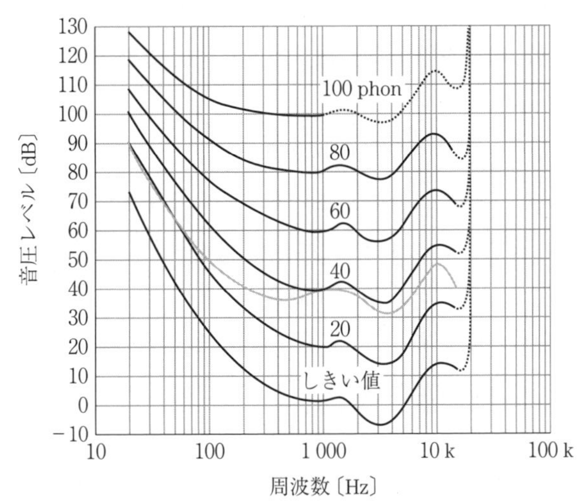

国際標準 ISO 226:2003 として規定されている等ラウドネス曲線
（改訂版，40 phon のアミ線はオリジナル版）

図 1.9 等ラウドネス曲線

1.5.3 音の 3 要素：音の大きさ/高さ/音色

音の知覚における基本的な属性は，「**音の大きさ**」，「**音の高さ**」，「**音色**」であり，これらは「**音の 3 要素**」と呼ばれています。

(1) **音の大きさ**（loudness）：

音の大きさは「大きい～小さい」という単純な尺度で表される属性で，基本的には空気が振動するときの疎密の幅の大きさ，つまり音圧 P と対応します。媒質の分子が振動する幅が大きければ音は大きくなり，振動幅が小さければ音も小さくなります。

(2) **音の高さ**（pitch）：

音の大きさと同様に，音の高さ（ピッチ）も基本的には「高い〜低い」と表現できるような単純な属性です。音の高さは，音の周波数 f（振動数）つまり 1 秒間に音波が繰り返す波の周期 T の回数で決まります。1 秒間の波の繰返し回数である「周波数」の単位は「**Hz**（**ヘルツ**）」で表します。音の周波数 f が高くなれば音は高くなり，周波数 f が低くなれば音は低くなります。波の周期を T とすれば，周波数 f は T の逆数で得られます。

(3) **音色**（timbre）：

音色は，音の大きさや音の高さと違って，一つの指標で表現することはできません。音色は，音の高さの基準となる**基音**に倍音が重ね合わされて形成されます。この音色を形づくる構成要素である純音成分の周波数が，基音の整数倍である音を「**倍音**」といいます。倍音は基音の整数倍の周波数をもつ波ですので，基音の上に基音の 2 倍音，3 倍音，4 倍音など，基音の整数倍の高次倍音が重ね合わされて音色が決まります。どのような倍音がどのような大きさで含まれているのか，その含有率の違いでさまざまな音色が生まれるのです。このため，音色のことを音響学では周波数成分と呼んでいます。

1.5.4　聴覚情報を用いることの長所と短所

システムの利用者に対し，適切なメディアを選択して情報提示することが必要です。視覚と聴覚による情報提示を比較すると，つぎに示すように要約することができます。

① 情報を入手するための空間上の制約

視覚：情報源が見える範囲になければ情報を入手できない。

聴覚：情報源の所在に注意を払わなくても情報を入手できる。

② 扱う情報内容に関わる制約

視覚：複雑な情報あるいは抽象的な情報を扱うことができる。

聴覚：複雑な情報の伝達は難しく，単純な情報伝達に適する。

③ 入手できる情報量に関わる制約

視覚：同時に多くの情報を入手でき，単位時間当りの情報伝達量も大きい。

聴覚：同時並行での情報入手は困難で，単位時間当りの情報伝達量は小さい。

2

脳の機能と人間の情報処理モデル

脳は，われわれの行動に大きく関わる中枢と位置づけられる臓器です。この章では，人間の中枢器官である脳について概説します。最初に，脳の構造についてミクロな観点とマクロな観点から概説し，その後，脳の機能として記憶と知識について述べ，われわれの脳内で行われる情報処理のモデルについて触れます。

2 章のキーワード：

ニューロン，細胞体/樹状突起/軸索/シナプス，体性感覚野と体性運動野，ホムンクルス，記憶の多重貯蔵モデル，感覚記憶/短期記憶/長期記憶，維持リハーサルと精緻化リハーサル，作業記憶（ワーキングメモリ），ミラーの法則，「マジカルナンバー 7±2」，チャンク，宣言的記憶/手続的記憶/エピソード記憶/意味記憶，再生法と再認法，スキーマとスクリプト，データ駆動型処理と概念駆動型処理，ゲシュタルトの法則，群化（体制化），ゲシュタルト崩壊

2.1　脳の形態と機能

脳は，われわれの心身をコントロールする中枢器官です。脳では，その機能が局在しています。つまり，場所によって機能が異なる（分化している）のが脳の特徴なのです。例えば，前頭葉では「物事を総合的に考える」，「運動の指令を出す」，頭頂葉では「さまざまな感覚情報を統合する」，後頭葉は「視覚情報を取り入れ解析する」，側頭葉は「記憶や言語処理を行う」などです（**図 2.1**）。

人の成人の脳の重さは 1.2〜1.6 kg 程度であり，脳全体には約 1 000〜2 000 億個の神経細胞が存在するといわれています。大脳に含まれる脳神経細胞の数は 100 億個程度と推定されています。

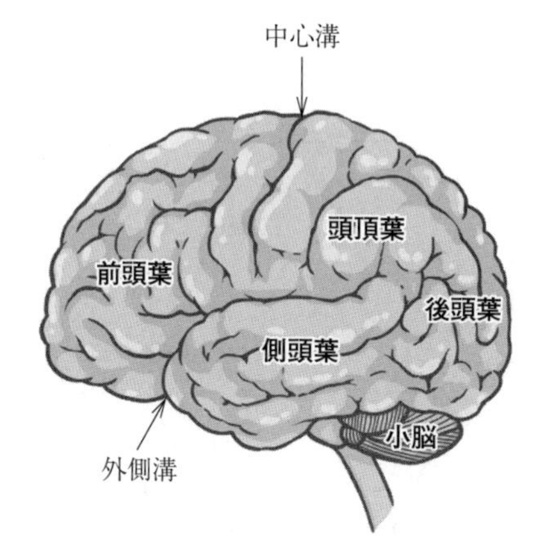

> 脳は，場所によってその機能が異なります。そのため，脳が損傷を受けるとどの場所が損傷を受けたかによってどのような能力が失われるかが決まります。
> 脳が損傷した場合，リハビリテーションによって別の場所で機能の一部が代替される可能性が示唆されています。

図 2.1　人の脳の構造

2.1.1　ニューロン：脳神経細胞

脳を構成するのは，**ニューロン**（neurons）という 25〜30 μm ほどの大きさの**脳神経細胞**です。われわれは，約 1 000〜2 000 億個の脳神経細胞をもって生まれ，生まれてからは毎日平均 10 万個を失っていくといわれています。しかし，毎日 10 万個のニューロンが失われたとして 100 歳になったとしても，生まれもった脳神経細胞の 96％を超える 963 億 5 000 万個は依然として脳内に保有していることになります。ニューロンの数は年齢とともに減少しますが，脳の体積は年齢によらず一定で，増減することはありません。脳をどのように使うかによって，その機能を担う脳部分の体積が変化することはあるようです。例えば，一流ピアニストの脳の形とピアノ初心者の脳の形を比較すると，手指の運動やタイミング調節に関わる脳部位（小脳）の体積が，一流ピアニストのほうが数％も大きいという研究報告があります。

ニューロンは，星形の**細胞体**と，枝根の形をした**樹状突起**，および長い**軸索突起**から構成されています（**図 2.2**）。軸索突起は情報を送る役割を果たし，樹状突起は情報を受ける役割を果たします。ニューロンの軸索突起の終わりの部分と，つぎのニューロンの樹状突起の間には，**シナプス間隙**と呼ばれる 2 000 分の 1 ミリ程度のわずかな隙間があります。二つの神経細胞はこのシナ

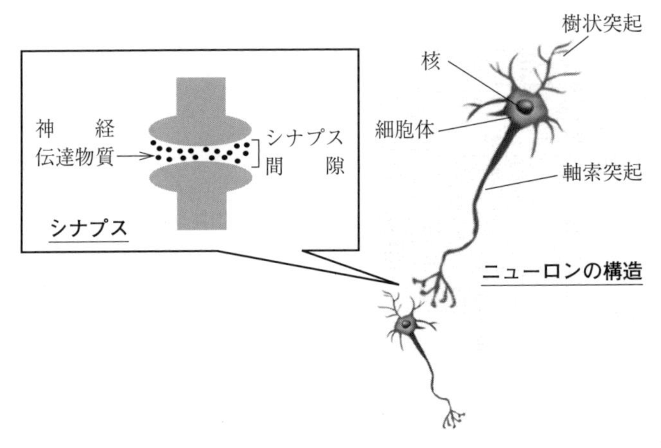

図 2.2　ニューロンとそれらをつなげるシナプス

プス間隙を介して接続されており，**シナプス**と呼ばれる神経回路を形成しています。ニューロンに一定の刺激が加わると，軸索突起の末端にある小さなポケットが開き，**神経伝達物質**が出て，他のニューロンに転移されながら神経細胞間の情報伝達が行われます。

2.1.2　体性感覚野と体性運動野

われわれの脳の頭頂葉部分にある**体性感覚野**には，体の地図があります。体性感覚とは，内臓と脳以外の身体組織にある感覚器官によって生じる感覚です。また，**体性運動野**は体性運動をコントロールする脳の部位です。体性感覚野の配列は，体の左半分は右の大脳皮質に，体の右半分は左の大脳皮質に対応する部分をもっています。この配列は，体性運動野についても同様です。

図 2.3 は，カナダの脳神経外科医ワイルダー G. ペンフィールドが，実験的に明らかにした脳地図を**ホムンクルス**として描いた図です。体性感覚野および体性運動野において，それぞれの体性感覚および体性運動を司っている大脳皮質の表面積の比率に合わせて，その体の部位を誇張表現して描いた図がホムンクルスです。ホムンクルスでは，体の各部位の機能を受けもつ脳部分がどこに存在するのか，各部位の機能を受けもつ脳がどのくらいの面積割合を占めてい

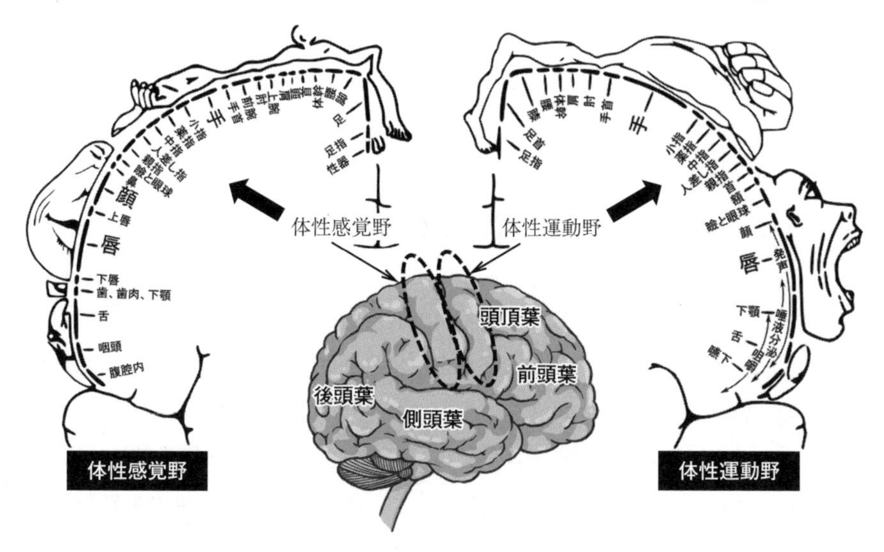

図 2.3　ペンフィールドの脳地図とホムンクルス

るのかを図示しています。脳の面積を多く占有している機能は大きく描かれ，そうでない機能は小さく描かれています。例えば，体性感覚野（図の左側）で見ると，顔や手の体性感覚で大きな面積を占有しており，とりわけ人差し指や唇に大きなリソースを割いていることがわかります。人差し指や唇は日常的に使用頻度が高く，人間にとって重要な部位であるのは経験的にも納得できることではないでしょうか。

★このキーワードで検索してみよう！

ホムンクルス ＆ 動物

「ホムンクルス」＆「動物」で画像検索すると，さまざまな動物のホムンクルスがヒットします。

ホムンクルスが示すように，われわれの脳が感じ取る感覚は一様ではありません。われわれは，一様ではない複数の感覚情報を統合して解釈することで，脳内において外界の像をつくり上げているのです。われわれの脳は，外界をありのまま知覚しているわけではありません。脳内において，外界という世界を矛盾なく構築するためには，欠落している情報をうまく脳内で補う柔軟性が必要なのです。脳内での情報の補完は自動的（無意識）に行われるため，われわれ自身の意識にはのぼって来ないことが多いですが，この情報補完を行うことがときとして錯覚の原因となります。

2.2 記憶のモデル

人間が，見たり聞いたり触ったりしたものを記憶するプロセスは，つぎのような情報処理過程としてモデル化されます。外界から，目や耳といった**感覚登録器**（sensory store）に刺激信号が入力され，その一部が**短期貯蔵庫**（short-term store，**STS**）に一時的に蓄積され，さらにその一部が**長期貯蔵庫**（long-term store，**LTS**）に保管されて記憶として定着するという**記憶の多重貯蔵モデル**（multi store model of memory）です（**図 2.4**）。このモデルは，米国の心理学者リチャード・アトキンソン（Richard Atkinson）とリチャード・シフリン（Richard Shiffrin）によって1968年に提案されました。

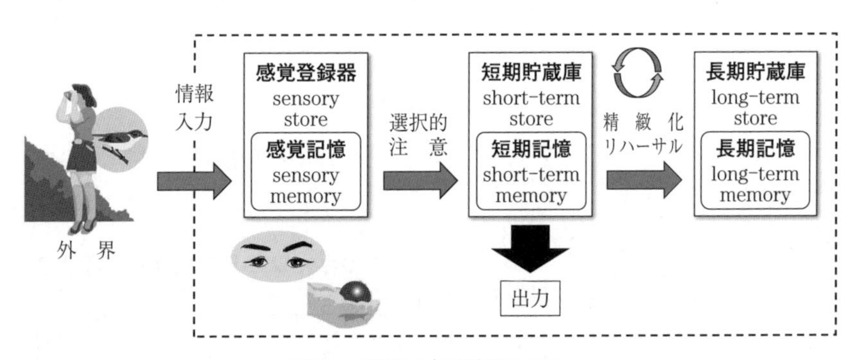

図 2.4　記憶の多重貯蔵モデル

人が外界から取り入れた刺激，例えば目や耳といった感覚器官から入ってきた情報は，最初に感覚登録器に入力され，**感覚記憶**（sensory memory）としてごく短時間（瞬時）だけ保持されます。つぎに，感覚記憶として貯蔵されている情報のうち，人間が選択的に注意を向けた情報だけが短期貯蔵庫に入り，**短期記憶**（short-term memory，**STM**）として数十秒程度保持されます。しかし，短期貯蔵庫の容量は限られており，また一定時間しか情報を保持できません。短期記憶の中に貯蔵されている情報がすべて長期記憶として保持されるわけではなく，ここでも長期記憶として保持すべき情報の選択が行われます。短期記憶の中では，**リハーサル**（記憶したい情報を反復する行為）によって貯蔵期間を延ばすことができます。短期記憶の中での記憶保持時間を延ばすリハーサルを「**維持リハーサル**」と呼んでいます。さらに，例えば語呂合わせしたり他の知識と結び付けたりするなど，積極的にリハーサルを行うことによって情報は長期貯蔵庫に送られ，**長期記憶**（long-term memory，**LTM**）として貯蔵されます。長期記憶として記憶を定着させるためのリハーサルを「**精緻化リハーサル**」と呼びます。したがって，HCIを考える上では，各貯蔵庫の機能や特徴をよく理解することが重要です。

2.2.1 感覚記憶/短期記憶/長期記憶の概要

この項では，多重貯蔵モデルとして，図2.4に示した感覚記憶/短期記憶/長期記憶の概要について説明します。

(1) **感覚記憶**：

外界から取得した情報は，感覚登録器に取り込まれ，感覚記憶として一時的（250～500 ms程度）に保存されます。この感覚記憶には，視覚情報を保持する**アイコニックメモリ**（iconic memory）や聴覚情報を保持する**エコイックメモリ**（echoic memory）などがあります。

(2) **短期記憶**（**STM**）：

短期記憶は，感覚記憶と長期記憶との間に存在する記憶で，ここで一時的に情報が保持されます。情報の保持時間は短く，約数十秒～数分間程度の貯蔵です。また，貯蔵できる情報の量にも制限があります。短期記憶に貯蔵された情報は，外部からの干渉を受けやすいという特徴があります。例えば，電話をしようとして相手の電話番号を覚えた（短期記憶）タイミングで，他者から急に話しかけられると記憶していた電話番号を忘れてしまう，といったことがよく起こります。

★このキーワードで検索してみよう！

記憶選手権 

授業でも記憶方法に関する質問があります。「記憶選手権」で検索すると，さまざまな記憶テクニックを紹介するサイトがヒットします。

短期記憶に関わる記憶の一種に，**作業記憶**（**ワーキングメモリ**）というモデルがあります。作業記憶の概念は，アラン・バドリー（Alan Baddeley）が1986年に提唱したものです。これまでに述べた短期記憶には，イメージや音などの静的な情報が貯蔵されているように思えますが，それら静的な情報に加えて，例えば足し算といったような記号の操作や作業も含めた短期的な記憶を，バドリーは作業記憶と呼びました。例えば，「5 × 7 + 5 × 5」を暗算する場合を考えると，つぎのような手順で思考を進めます。

① 短期記憶に「5」と「7」を保持する。
② 掛け算の知識を長期記憶から呼び出し，一時的に保持する。
③ 5 × 7 = 35の計算結果を一時的に保持する。
④ さらに，短期記憶に「5」と「5」を保持する。
⑤ 掛け算の知識を長期記憶から呼び出し，一時的に保持する。
⑥ 5 × 5 = 25の計算結果を一時的に保持する。
⑦ 足し算の知識を長期記憶から呼び出し，一時的に保持する。
⑧ 一時的に保持していた③の「35」を短期記憶から呼び出し，⑥の結果「25」を加算する。

この計算工程では，数値といった静的な記憶対象に加えて，掛け算や足し算といった記号操作に関する記憶を短期的に保持する必要があります。また，工程③の結果は工程⑧まで保持しておく必要がありますが，工程①と②は工程③に進んだ後は記憶に保持する必要はありません。このように，短期記憶として保持しておくべき情報は静的なものだけではなく，「掛け算」，「足し算」といった記号操作の方法や，「掛け算の結果を一時的に記憶しておく」といった作業も併せて保持しておく必要があります。作業記憶は，例えば料理レシピを短期的に保持しながら調理で複数の作業を並行して進めるなど，われわれが日常生活を円滑に送る上でも重要な役割を果たしています。

アメリカの心理学者ジョージ A．ミラー（George Armitage Miller）は，短期記憶（あるいは作業記憶）の容量には大きな制約があることを発見しました。ミラーは，短期記憶の容量が7±2であることを1956年に発見しました。つまり，人間が短期に一度に記憶できる情報の数は7±2個が限界（多少の個人差はあります）であることを意味します。短期記憶の容量に関する**ミラーの法則**は「**マジカルナンバー7±2**」として広く知られています。また，短期記憶の容量を計測する単位は，意味的なまとまりを成す「**チャンク**（chunk）」であることも提案されました。例えば，「とうきょうかながわさいたまちば」という15文字が記憶対象の場合，文字の並びが意味をもたなければ記憶容量は15チャンクですが，東京/神奈川/埼玉/千葉という意味を理解している人にとって，記憶容量は4チャンクということになります。

ミラーの法則はさまざまな生活場面で利用されています。例えば，10桁の電話番号や16桁のクレジットカード番号などでは，数値を4桁ごとに区切ることによって一度に記憶する情報量がミラー数の上限を下回ることになり，ユーザの記憶負担を軽減することに役立っています。また，数値列に外的に意味を与える，いわゆる語呂合わせなどもその一つの例として行われています。例えば，「10 283」という5桁の数字は，「豆腐屋さん」と語呂合わせすることで1チャンクに変換でき，容易に覚えられるようになります。

(3) **長期記憶（LTM）**：

例えば，子供のころの思い出，物や人の名前，楽器の演奏や自転車の乗り方など，学習などによって獲得された記憶が長期記憶です。長期記憶の情報は短期記憶での精緻化プロセスを経て長期貯蔵庫に格納されますが，一般に長期記憶は安定しており，その容量はほぼ無限と考えられています。長期記憶に貯蔵された情報を活用する場合，該当する情報内容が長期貯蔵庫の中で検索され，いったん短期貯蔵庫に戻されます。その後，短期記憶（あるいは作業記憶）として課題遂行のために利用されます。

長期記憶は，その機能によって分類されています。認知心理学者の L. スクワイアー（Larry R. Squire）は，長期記憶が言語的に表現できる**宣言的記憶**（declarative memory）と，非宣言的で実際の作業を行わないと意図的には思い出せないような**手続的記憶**（procedural memory）によって構成されることを，1987 年に提案しました。手続的記憶の例としては，例えば，自転車の走行やスポーツ，楽器の演奏などがあります。これらの記憶は，練習を積み重ねることで長期記憶の中に貯蔵されていきますが，その記憶内容を言語的に表出することは困難です。例えば，「なぜ，速い球を打ち返せるのか？」と聞かれても，当の本人もその「なぜ」を言語的に説明することができません。そのため，手続的記憶について説明を求められると，直接的な説明ではなく比喩を用いた間接的な説明をしたりすることがあるのです。したがって，例えば技能継承などで手続的記憶を含むような情報の伝達が必要な場合，当該の技能を文章（テキスト）で入力させるような情報システムを構築しても，うまく機能しません。

また，カナダの心理学者 E. タルビング（Endel Tulving）は，特定の日時や場所などに関連するような個人的経験に関する記憶を「**エピソード記憶**（episodic memory)」と呼びました。例えば「去年の 8 月に友達と上高地の小梨平（こなしだいら）でキャンプを行った。」といった記憶がエピソード記憶です。一方，「上高地の小梨平にはキャンプ場がある。」といったような特定の日時や場所に関わらない記憶を，タルビングは「**意味記憶**（semantic memory)」と呼んでエピソード記憶と区別しました。つまり宣言的記憶には，思い出などの個人的な体験と結び付いたエピソード記憶と，物や人の名前，物の性質，イメージなどの一般的な知識の記憶である意味記憶の 2 種類があります（**図 2.5**)。

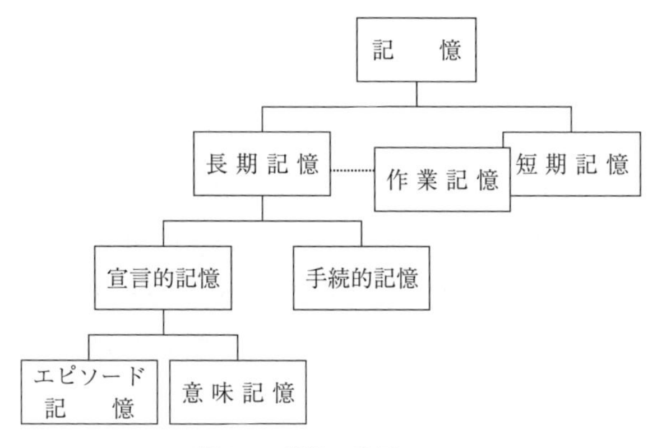

図 2.5　記憶の分類モデル

2.2.2　記憶の再生と再認

物事を記憶しそれを後で再利用する場合，まずは記憶の貯蔵庫に情報を格納（記銘）し，後でその記憶した情報を引き出す（想起）ことができて，はじめて情報処理が可能となります。記憶情報の格納については，前項において記憶モデルで説明しました。もう一方の記憶情報を引き出す想起方法ですが，これには**再生法**と**再認法**の 2 種類があります。

(1)　**再生法**（recall）：

記憶の再生法とは，文字や図形などの情報を記銘して一定時間が経過した後，記銘した情報がどんなものであったかを，なんら手掛かりとなる情報を与えられずに書いたり，あるいは口頭で報告したりするような場合の想起方法です。

(2)　**再認法**（recognition）：

記憶の再認法とは，文字や図形などの情報を記銘して一定時間が経過した後，事前に記銘した項目とそうではない項目を共に提示され，各提示項目のそれぞれが事前に記銘した情報か否かを判断するような場合の想起方法です。

コンピュータとのインタラクションとして見れば，記憶を再生しなければならないのはコマンド入力インタフェースであり，コマンドの文字列とパラメータを一字一句間違えずに再生してそれらをコンピュータに入力する必要があります。一方，記憶を再認しなければならないのはメニュー対話インタフェースであり，コンピュータから提示されるさまざまな選択肢の中からユーザが実行したいコマンドを選択肢として選びます。認知的な難易度から見れば，メニュー対話のような再認法を用いるユーザインタフェースのほうが，ユーザの認知負荷が非常に小さいことがわかっています。記憶の再生が必要なコマンド入力は，記憶に関わる認知負荷が高い反面，コマンドを誤りなく入力できれば入力のオペレーション速度が速いというメリットがあります。一方，コンピュータから提示されるメニュー選択肢の中からユーザが選択する記憶の再認を求める方式は，メニュー選択時の記憶負荷が小さいというメリットがある反面，マウスなどのポインティングデバイスを用いる操作では，非常に多くの操作時間が必要であるというデメリットがあります。したがって，メニュー選択画面はシステムをめったに使わない初心者向けの UI（ユーザインタフェース）に向いており，コマンド入力は一定レベル以上のコンピュータスキルを有するエンジニア用 UI に向いています。

2.3　知識のモデル

記憶と知識は，認知心理学の中で厳密に区別して使われているわけではありませんが，本書では，長期記憶に貯蔵した記憶をなんらかの目的で組織化・構造化した場合，それを知識と呼ぶことにします。知識は，その根源が記憶であることから，知識の構造的なモデルは記憶のモデルと同じです。したがって，知識は**宣言的知識**（declarative knowledge）と**手続的知識**（procedural knowledge）から構成されます。宣言的知識とは「富士山は日本一高い山である」というような事実に関わる知識であり，手続的知識とは「自転車の乗り方」というような非宣言的な知識です。

2.3.1 スキーマ

類似する知識をまとめて，ひとまとまりの知識として体制化したものを**スキーマ**（schema）と呼んでいます。スキーマとは，外的環境や過去の経験に関する構造化された知識で，スキーマには固定された情報と変数化した情報が含まれます。例えば「犬」といったとき，周囲にはポチと太郎と佐助という3匹の犬がいたとします。このとき，どの犬も足が4本あり，尻尾があり，ワンと吠えるでしょう。しかし，秋田犬のポチは大柄で毛の色は白，柴犬の太郎は中型で色は背中が茶色で腹が白，ダルメシアンの佐助は大柄で色は白地に黒のブチです。犬のスキーマでは，「足の数が4」で「尻尾の数が1」は固定的な情報ですが，色やサイズに関しては一意に確定せず，可変的な情報といえます。通常，可変的な情報にはデフォルト値があります。これは，可変な情報が指定されない場合に付与する値です。通常，スキーマは階層構造を構成しており，具象的情報や抽象的情報のいずれも扱えます。例えば，「旅行する」というスキーマには「海外旅行」や「国内旅行」のスキーマがあり，「国内旅行」のスキーマには「北海道旅行」や「沖縄旅行」などのスキーマが含まれます。

2.3.2 スクリプト

スクリプト（script）は，スキーマの考え方を拡張した概念です。特定の状況下で行われる一連の行動に関する知識のことを指し，舞台劇の台本になぞらえてこれをスクリプトと呼んでいます。例えば，レストランで食事をする場合，レストランに入る，テーブルを探す，着席する，注文をする，食べる，レジで精算する，レストランから出る，など，一連の行動があります。これら一連の行動に関する知識がレストランのスクリプトです。ユーザは，コンピュータや携帯端末，自動券売機の使い方などについても，トライ・アンド・エラーを重ねながら学習し，知識としてのスクリプトを形成します。

同じスキーマなのに，スクリプトが異なっているためにユーザが戸惑う場面もあります。例えば，東京の鉄道の自動券売機は先にお金を投入してから行き先のボタンを押しますが，フィレンツェの鉄道の自動券売機では，先に行先ボタンを押さないとコインを入れても返却されてしまいます。このような場合，日本の鉄道で獲得したスクリプトがイタリアでは通用せず，日本からの旅行者は戸惑ってしまいます。

2.4　人間の情報処理形式：データ駆動型処理と概念駆動型処理

われわれは，外界の状況を見聞きしてそれに対応するように行動したり，ふとなにかを思い出してその情報に反応したりします。このように，人間の情報処理には二つの形式があります。

まずは，視覚，聴覚，触覚などの感覚器から入力された低次の情報を出発点として，より高次の分析を行いながら認知を成立させていく情報処理形式があります。この情報処理形式を**データ駆動型処理**（data driven process），あるいは**ボトムアップ処理**（bottom up processing）と呼んでいます。データ駆動型処理では，感覚器から得られる部分的な要素から特徴を抽出し，それらの関係性を分析することで全体を把握していきます。したがって，複雑な情報やノイズに埋もれた情報の場合，特徴を抽出しにくかったり要素の候補を絞りきれなかったりする状況が発生し，情報処理に時間を要する場合があります。

一方，記憶系に貯蔵されている既存の知識や期待などに沿って外界の情報を分析していく情報処理形式を**概念駆動型処理**（conceptually driven process），あるいは**トップダウン処理**（top down processing）と呼んでいます。概念駆動型処理では，あらかじめ予想する結果が存在しており，その結果に適合する特徴が認知対象となっている情報に含まれるかどうかを検証しながら，情報を分析していくような情報処理形式です。したがって，概念駆動型処理では認知の過程において既存の知識や期待が大きな影響を及ぼします。その結果，概念駆動型処理の場合には思い込みや勘違いといったエラーが発生したり，人によって解釈（認知結果）が違ったりするなど，さまざまな誤解が発生する可能性があります。

つまり，データ駆動型処理では，認知の過程では思い込みや勘違いといったそれまでの知識や経験の影響を受けにくいものの，例えば錯視など知覚レベルのエラーが発生する場合があります。他方，概念駆動型処理では，複雑な情報やノイズの多い情報でも知覚レベルのエラーが起こらずに円滑に認知処理が進みますが，先入観といった誤った知識の影響によるエラーが発生します。われわれの日常的な情報処理プロセスにおいては，概念駆動型処理とデータ駆動型処理が共に行われています。

2.5　ゲシュタルトの法則

まずは，**図 2.6** を見てください。特に変わったところがあるわけではありません，夕暮れ時の都会の風景写真です。背景には高層ビルがあり，ビルの手前には街路樹があってビルを遮り，街路樹の中に灯の灯った街灯が写っているように見えます。

この写真では，ビルと街路樹と街頭が，それぞれ別々の物として見え，それぞれの物体がどのような位置関係にあるかという奥行も感じ取ることができる

図 2.6　ゲシュタルトの法則で「まとまり」として見える

われわれ人間にとっては，特に苦労せずに写真の中に写っている物とその位置関係が瞬時に目に飛び込んできます。しかし，この写真をコンピュータに入力して，写真の中にどのような物が，どのような位置関係で存在しているかを判断させようとすると，相当の困難（気の遠くなるような膨大な量のデータをコンピュータに学習させる）を伴うか，あるいは判断できないといった状況に

陥ります。ところが読者の皆さんは，写真を見た途端，ビル，街路樹，街灯のそれぞれを区別でき，位置関係を理解し，どの部分が街灯の筐体で，どの部分が樹木かもすぐに判断できると思います。この写真を撮った人が，地上から上空を仰ぎ見て写真を撮ったことまですぐにわかります。人間には，部分を個別に見るだけではなく，個別的な刺激には還元できない全体的な枠組みを認知するという非常に高度な機能が備わっています。このような全体としての認知を行う規則性のことを，**ゲシュタルトの法則**と呼んでいます。

ゲシュタルトの法則は，心理学者マックス・ヴェルトハイマー（Max Wertheimer）が提唱した，人間の認知機能に関する重要な概念です。「**ゲシュタルト**（gestalt）」とは，ドイツ語で「かたち」や「構造」を意味する言葉です。人間は，対象物を部分の寄せ集めとして捉えるのではなく，全体をひとまとまりとして捉えるという考え方です。このようなアプローチをとる心理学が，ゲシュタルト心理学です。ゲシュタルト心理学では，人間の心を，**部分や要素の集合と捉えるのではなく全体性や構造**に重点を置いて捉えます。このように，全体としてのまとまりを形成する情報処理を，「**群化**」または「**体制化**」と呼んでいます。

2.5.1　ゲシュタルトの七つの法則

ゲシュタルト認知を生じさせる要因を「**ゲシュタルト要因**」と呼びますが，視覚に関するゲシュタルト要因が関わる法則として，七つの「ゲシュタルトの法則」が知られています。

(1)　**近接の法則**（proximity）：

近くにあるもの同士がまとまって見える性質のことです。

図 2.7 で，点列 (a) の場合には各点の位置関係が横方向よりも縦方向が近いため，縦方向にまとまって見えます。しかし，点列 (b) の場合には横方向の距離が短いために横方向にまとまって見えます。

図 2.8 は，文を読む本来の方向とはあえて異なる方向に近接の法則が働くようにレイアウトしたテキストです。この文章は，左上から右に向かって横方向に読みます。ゲシュタルト要因は意識することなく発動してしま

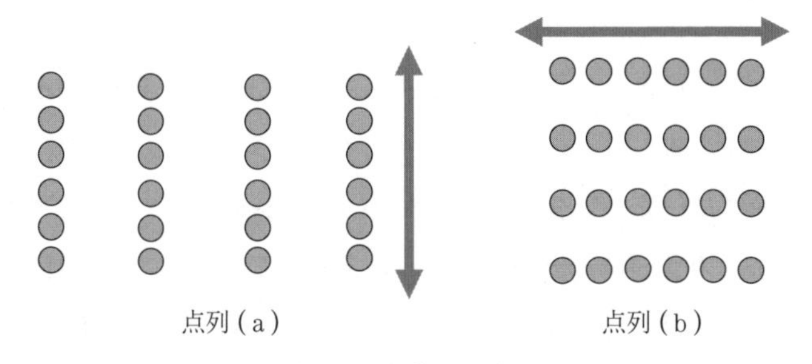

図2.7　近 接 の 法 則

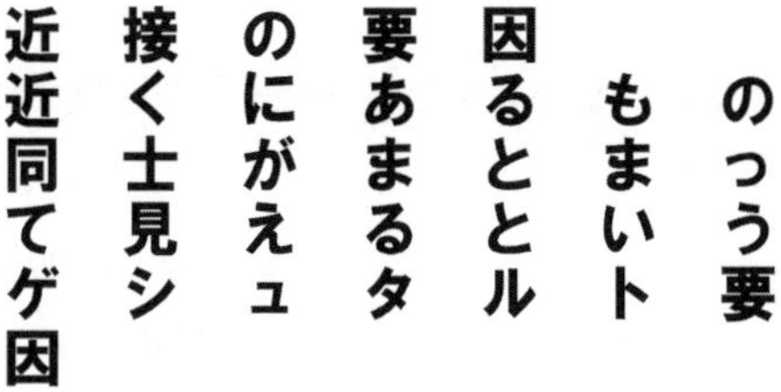

近　接　の　要　因
近　く　に　あ　る　も　の
同　士　が　ま　と　ま　っ
て　見　え　る　と　い　う
ゲ　シ　ュ　タ　ル　ト　要
因

図2.8　近接の法則に逆らって配置したテキスト

いますので，図の文字はどうしても縦方向につながって見えてしまい，非常に読みにくいレイアウトになっています。

(2)　**類同の法則**（similarity）：

色や形，向きなどが類似するもの同士がまとまって見える性質です。

図2.9は，テキスト記号を並べただけの図ですが，類同の法則によって同じ記号同士が一つの意味としてまとまって見えるため，笑顔を表すマークに見えるわけです。類同の法則の身近な応用例として，リモコンのボタンがあります。同じ機能のボタンは同じ大きさと形でそろえ，機能が異な

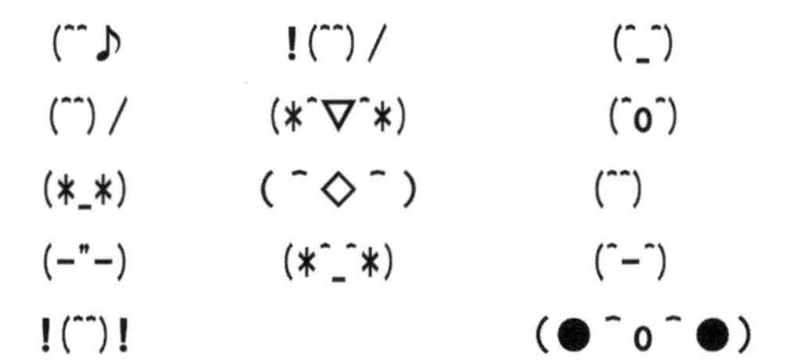

図2.9　類 同 の 法 則

るボタンは大きさや色などを変えることで，機能的な違いが一目でわかるようになっています。このようなインタラクションの手法を**コーディング**といいます。例えば，ボタンの大きさや形に意味をもたせて統一することを**シェープコーディング**といいます（p.116参照）。また，色に意味をもたせる方法を**カラーコーディング**といいます。このように，類同の法則を機器のデザインで適切に利用することで，わかりやすいユーザインタフェースを設計することができるのです。

(3)　**連続の法則**（continuity）：

図形は，連続するつながりがひとまとまりのものとして認識されやすいという性質です。

図2.10の原図は，もともとどのような要素で構成されていたかと聞かれた場合，読者の皆さんは図(a)のような構成を考えますか，それとも図(b)のような構成を考えますか？ 図(b)と答える人はいないでしょう。これが連続の法則です。人間は，連続したものをまとまりとして認識しやすいのです。図(b)は，真ん中の部品は連続していますが，両側の部品は連続性が崩壊しています。このため，われわれの中にあるゲシュタルト要因は，原図はもともと図(a)の構成であると見えるように仕向けるのです。

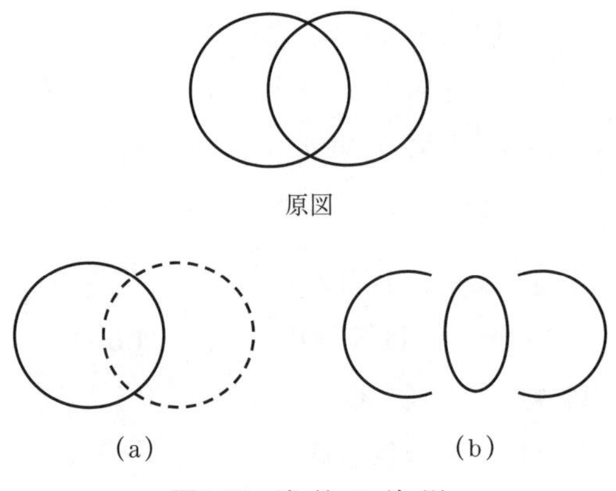

図2.10　連続の法則

(4)　**閉合の法則**（closure）：

たがいに閉じ合う形の図形がまとまって見える性質です。例えば，カッコがいくつも並んでいる場合，相互の距離とは関係なく，閉じ合う形を構成するカッコ記号が一つの意味としてまとまっているように見えます。

図 2.11 に示したカッコは，図(a)でも図(b)でも閉じ合うペアでまとまっているように見えます。カッコ記号間の距離は，例えば「】【」のように閉じない方向のほうが近いにもかかわらず，閉じ合うペアがまとまって見えます。つまり，この場合には近接の法則よりも閉合の法則のほうが優先されたと解釈できるのです。図(c)は，一部が欠落した黒い円が四つ並んでいます。しかし，欠落の部分が内向きで閉じているために四つの欠落部分が一つのまとまりとして見える結果，実際には存在しない四角形が中央に浮き出して見えます。

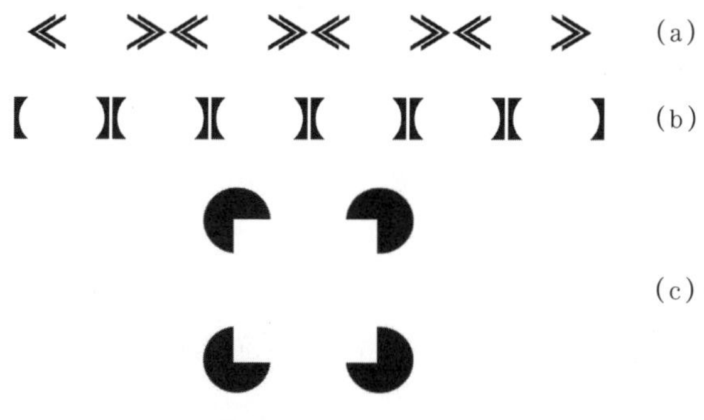

図2.11　閉 合 の 法 則

(5)　**共通運命の法則**（common fate）：

同じ方向に動いているものや，同じ周期で点滅しているものなどがまとまって見える性質です。

図 2.12 (a), (b) には各 8 機ずつの飛行機が並んでいますが，図(a)では 4 機ずつが同じ方向を向くように描かれています。共通運命の法則により，飛行機は二つのグループに分かれており，それぞれ異なる方向に編隊を組んで飛んでいくようにグループごとにまとまって見えます。共通運命

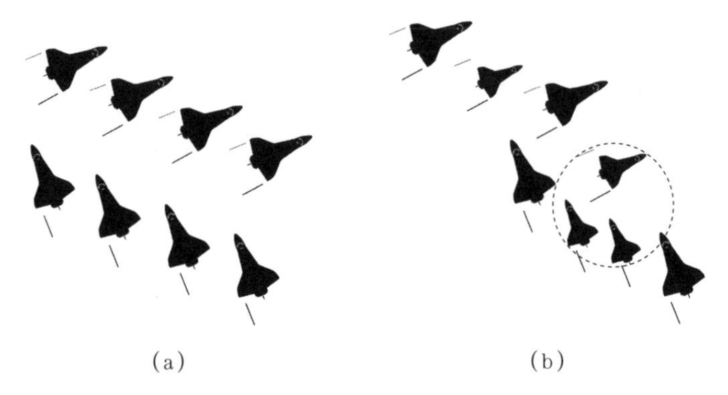

(a)　　(b)

図 2.12　共通運命の法則

の法則は，近接の法則や類同の法則よりも強く作用するといわれています。したがって，図(b)では，大きさの異なる飛行機で構成された二つのグループがあり，特に破線で囲まれた部分では飛行機同士が接近していますが，やはりこの図でも，類同や近接の法則よりも共通運命の法則が強く作用し，飛行機は航行する方向でひとまとまりに見えます。

(6)　**面積の法則**（area）：

二つの図形が重なっている場合，面積の小さい図形が図（前景）として知覚され，面積の大きいほうが地（背景）として知覚される性質です。

図 2.13 は，図(a)も図(b)も同じテニスラケットです。ただし，図(a)は白色の面積が大きく，図(b)は黒色の面積が大きく描かれています。どちらの図も，ラケット部分が面積の小さな色で描かれているため，面

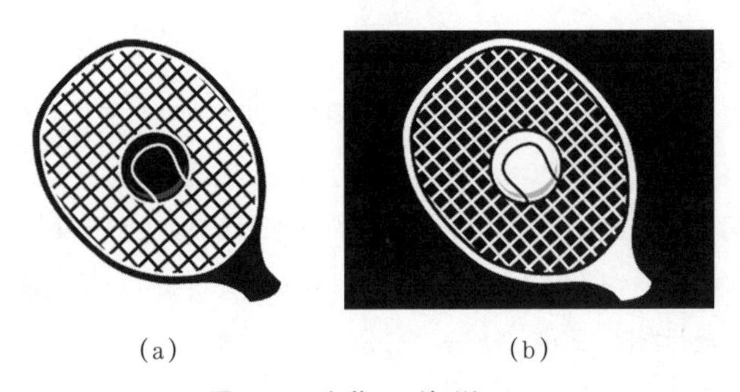

(a)　　(b)

図 2.13　面 積 の 法 則

積の法則によってラケットが図（前景）として知覚されます。

(7)　**対称性の法則**（symmetry）：

対称な図形ほど，まとまりとして知覚されやすいという性質です。

対称な図形は，ひとまとまりとして地（背景）から分離されて見えます。左右対称な図形の例として「ルビンの壺」があります。**図2.14**には，左右対称な図として「ルビンの壺」を示します。図(a)は，線画のみで描いた「ルビンの壺」で，図(b)は白地に黒で描いた「ルビンの壺」です。図(a)では中心に補助線を入れてありますが，上下の線を削除してありますので，見つめ合っている2人の顔輪郭のように見えます。一方，図(b)のように黒い画像にしてしまうと，盃の部分が白色の地から分離され，独立した（ひとまとまりの）壺として見えます。

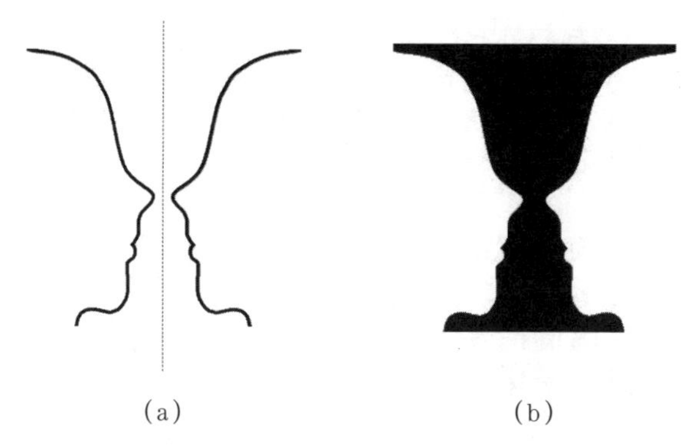

(a)　(b)

図2.14　対称性の法則（ルビンの壺）

2.5.2　ゲシュタルト崩壊とは？

ゲシュタルト崩壊とは，ゲシュタルトの法則が崩れる，つまり，ひとまとまりとして知覚しようとする機能を失ってしまうことを意味します。つまり，図形や文字などを総体として知覚することができなくなり，部分的にし

★このキーワードで検索してみよう！

ゲシュタルト崩壊

「ゲシュタルト崩壊」は，まとまりとして知覚する機能が低下する状態です。誰もが経験する現象ですので，多くの実験サイトがヒットします。

か知覚できなくなるという状態です。例えば，漢字の書取り練習を繰り返すうち，練習していた漢字がだんだん漢字として見えなくなってしまう，という経験をもつ読者も少なくないでしょう。「ある文字をじっと見つめていたら意味がわからなくなってきた」，「漢字がなんとなくバラバラに見える気がする」といった現象です。

例えば，**図2.15**のように，「あ」を短時間に，なるべく速く，できるだけたくさん書きつづける課題を与えられた場合，最初のうちは「あ」，「あ」，「あ」，「あ」というように問題なく文字を書いていきますが，だんだん「お」や「の」を書いてしまいます。また，書きつづけている途中で「こんがらがった」と感想を述べる被験者もいます。「借」，「若」，「粉」などがゲシュタルト崩壊を起こしやすい文字といわれているようです。

ああああああああああああああああああああああああ
ああああああああああああああああああああああああ
ああああああああああああああああああああああああ
ああああああああああああああああああ

借借借借借借借借借借借借借借借借借借借借借借
借借借借借借借借借借借借借借借借借借借借借借
借借借借借借借借借借借借借借借借借借借借借借
借借借借借借借

図2.15　ゲシュタルト崩壊を起こしやすい文字

ゲシュタルト崩壊は脳の異常というわけではなく，一時的に認知能力が低下することによって起こる現象と考えられています。

2.5.3　聴覚でもゲシュタルト認知が起こる

ここまで，ゲシュタルトの法則について，視覚的な具体例を交えて説明してきました。繰り返しますが，ゲシュタルト認知とは，個別の部分のつながりには還元できない全体的な枠組みでわれわれは外界を認知しているということを意味します。美術館であまりにもリアルな絵が展示されているとき，画家はどんな風に描いているのだろうと近づいて見たら，キャンバス上に何気なく白い線がサッと引かれていて，近くで見る分にはそれがなにを意味するのかわからないのですが，ちょっと離れてみたら，まさにその何気ない線が陽の光を見事に表現するポイントだった，そんな経験は多くの人がもっていると思います。まさに，全体として見たときにだけ部分が意味を成す事例です。

★このキーワードで検索してみよう！

盲点補完 && 実験

「盲点補完」&&「実験」で画像検索すると，ゲシュタルト認知によって「それっぽく」欠落部分を補完してくれる脳の機能を体験する実験サイトがヒットします。

ゲシュタルト認知は，もちろん視覚だけに限った現象ではありません。日常生活において，音源が存在しないのに音が聴こえる現象，すなわち存在しない音が聴こえる「連続聴効果」が知られています。例えば，文章を読み上げた音声を録音しておき，この音声を部分的に削除（100〜200 ms）して白色雑音に置き換えたとしても，元の文章として聴こえるという現象です。この効果は音声フレーズを全体として捉えているからこそ部分の補完が可能となる認知です。連続聴効果の面白いところは，ノイズに置き換えた部分を無音にした場合には，音が途切れている事実をちゃんと知覚できる点です。つまり，自然界で起こりそうなこと，例えば，なにか連続した音を聴いている途中で，突然，なにかが倒れて大きな音が混じり込むというような場合に，混じり込んでしまった音の部分だけを脳内で「それっぽく」補完してしまいます。これは，実に環境適応的な能力であると思います。情報が欠落してしまったときに脳が「それっぽく」補完してくれる機能は，見るべき対象物がちょうど目の盲点にあたってしまったときにもその能力を発揮します。実験サイトはネット上に多数存在しますので，体験してみたい人は，是非，画像検索してみてください。

3 人間の行動モデル

この章では，人間がどのような原則で行動しているのか，どのような状況でどの程度のパフォーマンスを出すことができるのかについて概説します。人間の行動を予測するモデルとして，カードが提案したモデルヒューマンプロセッサ，ラスムッセンが提案したSRKモデル，ノーマンが提案した行為の7段階モデルについて説明し，また黒田が提案した人間行動に影響を及ぼす五つの要因についても触れます。

3章のキーワード：
制御的処理と自動的処理，モデルヒューマンプロセッサ，知覚システム/認知システム/運動システム，SRKモデル，熟練レベル/規則レベル/知識レベル，行為の7段階モデル，実行の淵と評価の淵，道具の透明性，二重接面性モデル

3.1 行為の制御的処理と自動的処理

人間がなんらかの行為を行うとき，その行為を完遂するまでにどの程度の注意を向けなければならないかによって，行為の遂行は**制御的処理**（controlled processig）と**自動的処理**（automatic processig）とに分類されます。つまり「注意」を人間の認知的な情報処理システムにおける有限な資源（processing resource）と捉えた場合，注意にあまり依存しない自動的処理と，継続的に注意を払うような心的努力を必要とする制御的処理とに分類されます。

(1) **制御的処理**：

行為の各部分に十分に注意を向けて，意識的にチェックしながら行為を実行していくような処理です。例えば，自転車に乗る行為について考えてみると，乗り方を学習して間もないころには車上での体の重心の置き方やハンドルの切り方など，さまざまな部分につねに注意を払いながら乗車しています。注意を怠ると転倒の危険にさらされてしまいます。制御的処理を行っている間は，その行為遂行のために多くの認知的リソースが必要とされるため，多くの処理時間が必要で行為遂行の効率はよくありませんが，外的な環境の変化に柔軟に対応できるという長所もあります。

(2) **自動的処理**：

行為の熟達に伴って，自分の行為をつねに意識的にチェックしなくとも行為が完遂できるようになります。さらに熟達が進めば，自分の行為をほとんど意識することがなくなり，自動的に行為を実行できる段階に達します。自転車の例でいえば，熟達レベルが一定以上に向上した後は乗車のための操作自体にはほとんど注意を払う必要がなくなり，行き先やスピードのみに注意を払えばよい程度の自動的処理となります。自動的処理では，注意に関わる認知的リソースがほとんど必要なく，行為遂行は円滑かつ効率的に進行します。その一方，行為遂行の手続きが変更された場合には，その変化に対応できないという短所があります。行為遂行の制御的処理と自動的処理は，われわれの日常場面で多く見られます。どちらか一方の処理だけが行われるのではなく，行為系列の部分によって制御的処理が行われたり自動的処理が行われたりします。前述のとおり，制御的処理は，訓練を重ねることによって自動的処理に移行していきます。

3.2 モデルヒューマンプロセッサ

モデルヒューマンプロセッサ（model human processor）は，スチュアート・カード（Stuart K. Card），トーマス・モラン（Thomas P. Moran），アレン・ニューウェル（Allen Newell）によって1983年に提案されたヒューマンモデルです。人間の受容器に情報が入力され，中枢神経系で処理されて，手や足などの効果器を使って操作を行うというプロセスをモデル化したものです。このモデルでは，人間の認知処理を知覚システム，認知システム，運動システムから構成される系として捉え，人間がタスクを実行する場合の所要時間を予測する方法を提示しました。

3.2.1 モデルヒューマンプロセッサの構成

モデルヒューマンプロセッサでは，人間の認知処理をコンピュータの構造になぞらえ，**知覚システム**，**認知システム**，**運動システム**のそれぞれがプロセッサとメモリから構成されていると考えます。感覚器に入力された情報は，最初に知覚システムに入って処理され，そこから認知システムに渡り，最後に運動

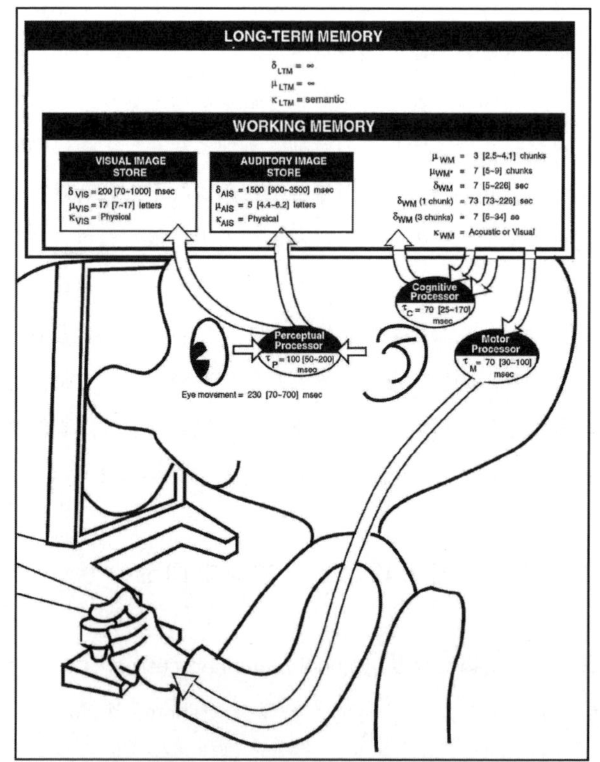

出典：Stuart K. Card, Thomas P. Moran, Allen Newell：The psychology of human-computer interaction, L. Erlbaum Associates (1983)

図 3.1 モデルヒューマンプロセッサ

システムを介してアクションするというのが，モデルヒューマンプロセッサの基本的な処理の流れです（**図 3.1**）。

(1)　**知覚システム**（perceptual system）：
- ・プロセッサ：　知覚プロセッサ（P）
- ・メモリの構成：
  - ―視覚イメージ貯蔵庫（visual image store，VIS）
  - ―聴覚イメージ貯蔵庫（auditory image store，AIS）

(2)　**認知システム**（cognitive system）
- ・プロセッサ：　認知プロセッサ（C）
- ・メモリの構成：
  - ―作業記憶（WM）または短期記憶（STM）
  - ―長期記憶（LTM）

(3)　**運動システム**（motor system）
- ・プロセッサ：　運動プロセッサ（M）
- ・メモリの構成：　なし

3.2.2　モデルヒューマンプロセッサの処理

モデルヒューマンプロセッサでは，入力情報は，受容器（目など）を通じて入力され，その情報は (1) の知覚システムで処理され，つぎに (2) の認知システムで処理・判断され，最後に (3) の運動システムを通じて人間の行動として出力されます。各システムにはプロセッサ（processor）とメモリ（memory）があります。プロセッサは種々の認知処理を行いますが，その処理を行う最小単位の処理を 1 周期として，その所要時間を周期時間 τ（タウ）として定義しています。一方，メモリは情報を保持しますが，減衰もすると想定されます。情報の保持容量を μ（ミュー），情報の減衰時間を δ（デルタ）で表します。

3.2.3　モデルヒューマンプロセッサの各システムの性能

すでに図 3.1 にも示されていますが，各システムの周期時間，保持容量，減衰時間はつぎのように規定されています。

(1) **知覚システム**：

(a) 知覚プロセッサの周期時間：

τP ＝ 100 [50〜200] ms　　(τP：知覚プロセッサの周期時間)

(b) 知覚システムのメモリ：

視覚情報のメモリを表す視覚イメージ貯蔵庫（VIS）と聴覚情報のメモリを表す聴覚イメージ貯蔵庫（AIS）があります。

・保持容量：

μVIS ＝ 17 [7〜17] 文字　(μVIS：視覚イメージ貯蔵庫の保持容量)

μAIS ＝ 5 [4.4〜6.2] 文字

(μAIS：聴覚イメージ貯蔵庫の保持容量)

・減衰時間：

δVIS ＝ 200 [70〜1 000] ms

(δVIS：視覚イメージ貯蔵庫の減衰時間)

δAIS ＝ 1500 [900〜3 500] ms

(δAIS：聴覚イメージ貯蔵庫の減衰時間)

聴覚と比較すると，視覚は情報の保持容量が大きいのですが，すぐ減衰してしまうという特徴があります。

(2) **認知システム**：

(a) 認知プロセッサの周期時間：

認知プロセッサの1周期とは，作業記憶の内容がその関連情報を長期記憶から呼び出し，処理されて変更されるまでの過程を指します。

・認知プロセッサの周期時間 τC：

τC ＝ 70 [25〜170] ms

(b) 認知システムのメモリ：

認知システムは，作業記憶（WM）または短期記憶（STM），および長期記憶（LTM）のメモリをもっています。

・作業記憶の保持容量 μWM：

μWM ＝ 3［2.5～4.1］チャンク　（純粋な容量）

μWM* ＝ 7［5～9］チャンク　（LTMとの連携による実効容量）

・作業記憶の減衰時間 δWM：

δWM(1チャンク) ＝ 73［73～226］s

δWM(3チャンク) ＝ 7［5～34］s

作業記憶の減衰時間では，例えば，有意味な単語の「有楽町」は1チャンクなので73秒まで覚えていることができますが，無意味な単語の「高新園」は3チャンクとなり7秒までしか覚えていられません。

(3)　**運動システム**：

・運動プロセッサの周期時間 τM：

τM ＝ 70［30～100］ms

各プロセッサの典型値から，単純な意思決定と比較照合判断過程の所要時間を計算できます。モデルヒューマンプロセッサの各システムの性能に基づいて，操作時間の予測を計算したのが**図3.2**です。オペレータにどのような作業を実行させるかによって使用するプロセッサが異なりますが，プロセッサを特定できれば図に示すような手順で作業時間を計算（予測）することができます。例えば，ディスプレーになんらかの情報が提示されたら，キーボードのリターンキーを押す場合の所要時間はつぎのように計算できます。

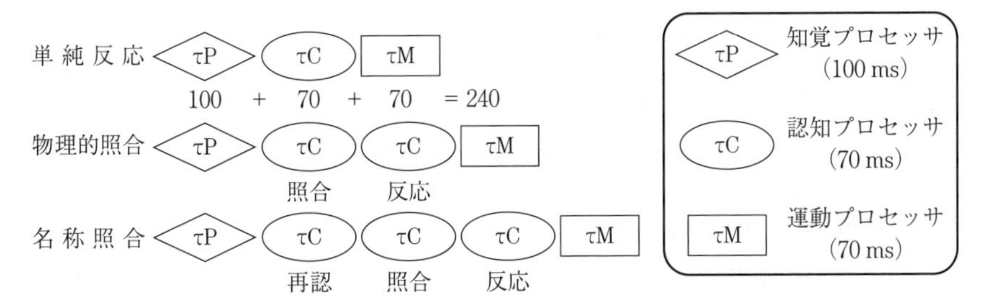

図3.2　モデルヒューマンプロセッサに基づく操作時間の計算例

$$作業時間 = \tau P(100[50\sim200]) + \tau C(70[25\sim170]) + \tau M(70[30\sim100])$$
$$= 240[105 \sim 470]〔ms〕$$

3.3　J. ラスムッセンの SRK モデル

ヒューマンエラー分析の観点から人間行動をモデル化した例として，ジェンス・ラスムッセン（Jens Rasmussen）が 1983 年に提案した**ラスムッセンの SRK モデル**があります。ラスムッセンのモデルでは，人間がなんらかの情報を得た場合，その後の行動パターンはオペレータの熟練の度合いによって三つのレベル，① **熟練レベル**（skill base），② **規則レベル**（rule base），③ **知識レベル**（knowledge base）に分かれることを示しています（**図 3.3**）。

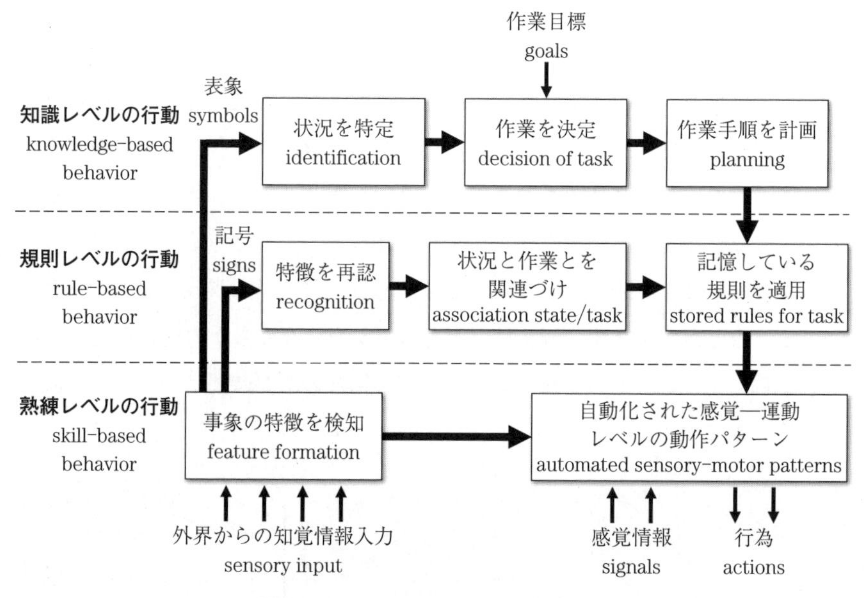

図 3.3　J. ラスムッセンの SRK モデル

①　**熟練レベルの行動**：

熟練レベルでは，オペレータは外部から入力された情報に対して，無意識的かつ迅速に反応して自動化された行動パターンとして遂行します。感覚器から入力された情報から事象の特徴を検知し，そこからはほぼ無意識に自動化された動作パターン（例えば，対象を見たらすぐに手が動くといったレベル）を迅速に遂行することができます。例えば，手慣れた組立て作業や画を描く作業などでは，熟練した人はほぼ無意識に作業を遂行することができます。さらにオペレータの習熟度が上がると，知覚情報からの特徴検知のプロセスをスキップして，知覚情報と行為が結び付くようになります。

② **規則レベルの行動**：

規則レベルの行動では，熟練レベルのような自動的な行動パターンは発生しませんが，オペレータは課題を解決する規則（手順）を理解しており，直面する課題にどの規則を適用すべきかの判断を行いながら行為を遂行します。オペレータの長期記憶に貯蔵されている，教育や経験を通じて構築された規則を，目的達成のために活用するレベルです。規則レベルの行動では，オペレータがある特定の事態に遭遇した場合，その事態が以前に経験したことがあるかどうかの再認（記憶の検索）を実行します。過去の類似する事態は現在直面している課題と連合し，つぎにどのような行為を遂行すればよいのかが想起されます。このようなプロセスを経て，課題解決のルールが長期記憶から引き出され，一連の行為が遂行されます。規則レベルの行動は，その遂行を繰り返すことによって熟練レベルの行動に転移していきます。

③ **知識レベルの行動**：

知識レベルの行動は，いままで経験の積重ねが通用しない状況において，規則レベルの行動では対応できない場合に発動されます。そもそもどのような規則を適用すればよいのかわからない状況なので，まずは自分が置かれている状況を特定することから始めなければなりません。その上で，どのような行為をどのような順番で遂行すべきなのか，意識を集中しながら手順（心的なモデル）を構築する必要があります。そして，構築したモデルが問題の解決に正しくつながっているかどうか（物理的あるいは概念的に）テストを行います。このプロセスにおいて，オペレータはシステムの構造に関するメンタルモデルを自らに構築していきます。知識レベルの行動は，多くの時間を要しまた問題解決までの手順は不安定ですが，未知のさまざまな状況に対応できるという長所もあるのです。

3.4　D．ノーマンの行為の7段階モデル

D．ノーマン（Donald Arthur Norman）は，人間と機械とのやり取り（インタラクション）を，人間が道具を使って目的を達成するときの認知プロセスという観点から，インタラクションを7段階のプロセスで表現するモデルを提案しました。このモデルによって，「使いにくい」というユーザインタフェース上の問題点を，体系的に理解することができるようになりました。

ノーマンが提案した**行為の7段階モデル**では，人間がなんらかの行為を遂行する場合，まずは① 目標を設定し，そこから② 目標を達成するための計画を考え，計画を実行するための③ 行為の系列（手順）を考え，最後はその④ 行為の系列（手順）を実行します。この四つの段階を「**実行の淵**」と呼びます。一方，人間がなにかの行為を実行する場合には，自分の行為がうまく進んでいるかどうかを確認するフィードバック情報が必要です。行為の7段階モデルでは，実行の淵の各段階に対応するフィードバック情報が必要であることを示しており，これを「**評価の淵**」と呼んでいます。つまり，実行の淵における④ 行為の系列（手順）が実行段階でうまく進んでいるかどうかを確認するため，⑤ 外界を知覚できるフィードバック情報を収集し，⑥ 知覚した情報によって段階③がうまく進んでいるか解釈し，⑦ 解釈した結果が目標達成の計画（段階②）と合致するかを評価して，行動のワンサイクルを完了します。われわれは，このような7段階のサイクルを何度も繰り返しながら外界とインタラクションしているというのが，行為の7段階モデルです（**図3.4**）。

例えば，メールソフトで文章入力する場面を考えてみましょう。例えば，「芝浦」という文字を入力することを最終目標とした場合，キーボードでタイ

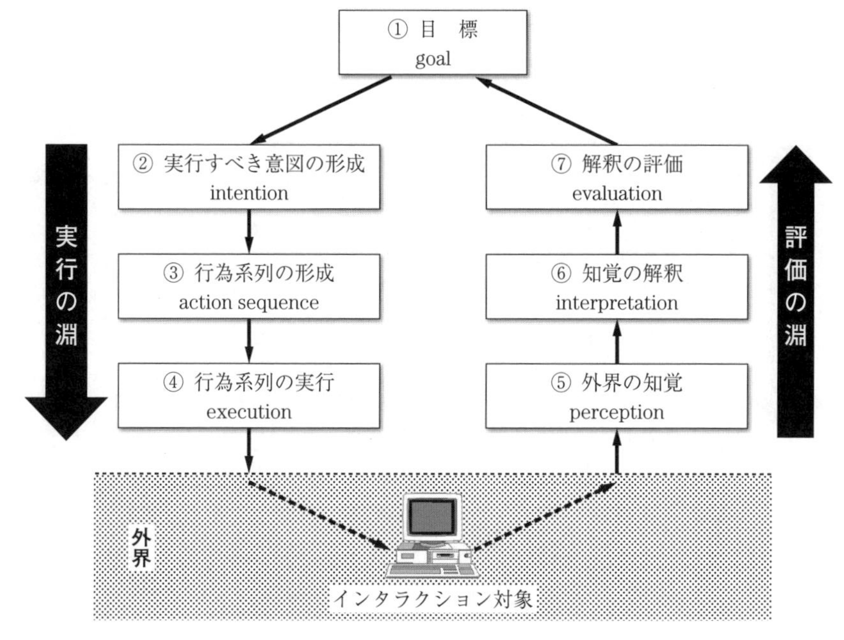

図3.4　D. ノーマンの行為の7段階モデル

ピングする方法，音声入力する方法，手書き文字入力する方法など，さまざまな方法があります。ここでは，キーボードでタイピングする方法を例題として考えます。タイピングで「芝浦」という文字を入力するためには，多くの人が使用するローマ字入力であれば，ローマ字入力⇒ひらがな⇒漢字変換というプロセスをたどります。行為の7段階は，このプロセスのそれぞれの段階で繰り返していきますが，まずは「ローマ字入力⇒ひらがな」に着目することにします（**図3.5**）。

(1)　**実 行 の 淵**：

①　**目　　　標**（goal）：

目標を設定する段階です。例として扱う行動の目標は「しばうら」をローマ字入力することです。

②　**意図の形成**（intention）：

目標を実現するにはどうすればよいのかという意図を形成する段階

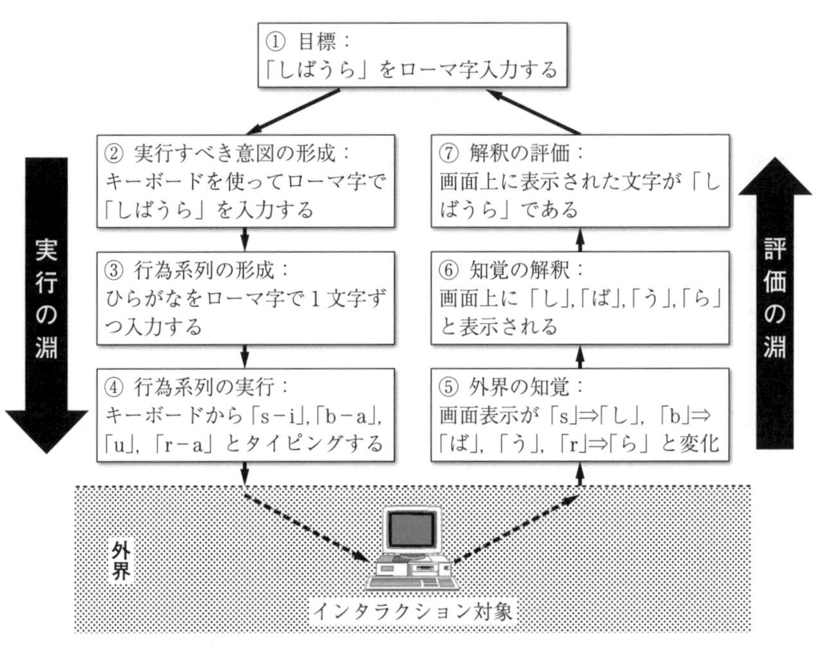

図3.5　文字入力を例とした行為の7段階モデル

です。例えば,「キーボードを使ってローマ字入力しよう」という意図を実現すれば目標を達成することができます。

③　**行為系列の形成**（action sequence）：

どのような行為系列で意図を実現するのかを考える段階です。ローマ字入力では「しばうら」の入力であればタイピングは「sibaura」ですが，システムは1文字ずつかなに変換します。例えば「s」を入力した状態では画面に「s」を表示しますが，次の「i」を入力すると画面表示は「し」に変化します。つまり，キーボードを使ってひらがなを1文字ずつローマ字入力するという行為系列を形成すればよいわけです。

④　**行為系列の実行**（execution）：

形成した行為系列を実行する段階です。この例では，キーボードから「s－i」,「b－a」,「u」,「r－a」とタイピングします。

(2) **評価の淵**：

⑤ **外界の知覚**（perception）：

実行した行為系列④によって外界がどのように変化したかを知覚する段階です。この例では，主にキーボードのキーを「s－i」，「b－a」，「u」，「r－a」の順番にタイピングしたときの手応え（触覚フィードバック）と，画面上に表示される文字（視覚フィードバック）という2種類の知覚情報が得られます。タイプミスなどを考慮すれば，コンピュータが確実に入力を受け付けたという情報としては，画面上に表示される文字（視覚フィードバック）のほうが行為系列を評価しやすいでしょう。したがって，「s－i」とタイプしたときの画面表示が「し」，つづいて「b－a」⇒「ば」，「u」⇒「う」，「r－a」⇒「ら」と変化していけば，④の“行為系列の実行”は進行していると知覚することができます。

⑥ **知覚の解釈**（interpretation）：

知覚した情報が③の“行為系列の形成”の進捗を促しているかを解釈する段階です。画面上に「し」，「ば」，「う」，「ら」と表示されていれば，③の“行為系列の形成”が進行していると解釈することができます。

⑦ **解釈の評価**（evaluation）：

知覚情報を解釈した結果，意図が達成できているかどうかを評価する段階です。この例では，画面上に表示された文字が「しばうら」であれば目標が達成されたと解釈できます。しかし，「しばうた」などと表示されていれば誤入力が発生していることがわかりますので，再度，④の“行為系列の実行”をやり直します。

行為の7段階モデルでは，各段階において実行の淵と評価の淵が対応していることが重要です。このモデルは，情報機器のユーザインタフェースを系統的に設計・評価する上で有用ですが，いくつかの課題も指摘されています。例えば，七つの各段階の情報の細かさを決める明確な基準が示されていない，対象とする行為が内部構造をもつ場合がある，などです。図3.5の例では，「しばうら」をひとまとまりの情報として入力する場面を考えましたが，ひらがなを1文字ずつ入力する7段階サイクルもあり得ます。しかし，課題はあるものの，例えば電気ポットのユーザインタフェースを考える場合，「電源を入れる」という操作に対してランプを点灯するなど知覚レベルのフィードバック機能があるか，またランプの色は電源ONと解釈できるか（よく用いられる赤/緑のランプはONかOFFか解釈できない場合が多い），など仕様書の段階でユーザインタフェースの確認ができるという意味で，このモデルは非常に有用です。

3.5　佐伯の二重接面性モデル

この本の読者の多くは，ご飯を食べるときに箸（はし）を使っていることが多いと思います。子供のころに箸の使い方を教えられ，すでに15年以上も毎日箸を使いつづけているとすれば，皆さんの「箸使い」のスキルはSRKモデルでは「熟練レベル」といえるでしょう。例えば，手で箸をもち，焼き魚の身を器用に骨から外して口元に運ぶ，などの高度な行為をなんの苦労もなく実行できます。このとき，道具である「箸」は手と同化して手の延長と感じられ，箸自体の存在が感じられなくなります。このように道具の介在を意識しなくなった状態を「**道具の透明性**」といいます。直感的に操作ができるというのは，この「道具の透明性」が高い状態と考えることができます。テニスラケットも楽器も，スキルが高まれば「透明」になっていきます。

佐伯は，人間が道具を用いて行為を遂行する状況を**二重接面性モデル**で説明しました。人間から見ると，操作対象の手前に道具が存在しています。**図3.6**に示すように，行為を遂行するという観点から考えると，まず行為を意図する人間の心的世界があり，操作対象である物理世界がありますが，両者の間に道具・機械の世界があります。人間から見て操作の対象となるのは道具・機械の世界とのインタフェース（第一接面）ですが，実際に操作対象に効果を及ぼすのは道具・機械の世界と物理世界とのインタフェース（第二接面）なのです。人間にとって重要なのは，物理世界を変化させその結果を確認できること（第

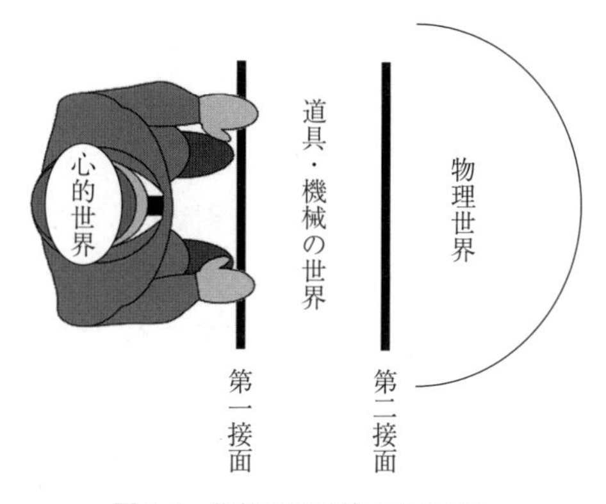

図 3.6 佐伯の二重接面性モデル

二接面）であり，人工物を操作すること（第一接面）ではありません。例えば，運転する車の向きを変えたい場合，人間が第一接面でハンドルを回すと，車が第二接面で駆動輪の向きを変化させ，車全体がその向きを変えます。運転経験を積むと，第一接面でのハンドル操作と第二接面での駆動輪の向きとの対応関係が「透明」となり，人間の心的世界では「ハンドルを回す」のではなく「車の向きを変えている」と認識されるようになります。二重接面性モデルで機器操作のわかりやすさを考えると，機器（道具）の操作が「わかる」ということは，第一接面と第二接面との対応関係が理解できることを意味するのです。

3.6 人間の行動に影響を及ぼす五つの要因

航空機事故などにおけるヒューマンエラーの分析に基づき，人間の信頼度という観点からの行動の要因が提案（黒田 勲，1987）されています。ここで提案されている五つの要因では，人間の行動が，単純な刺激と反応という組合せだけではなく，一連のまとまりをもった行為群としての特性を有することが強調されています。

(1) 人間は一連の流れに沿って行動する；

機器の操作は，単一の操作が独立して存在するのではく，相互に関連するような一連の操作群を形成しています。特に自動化された行動では，その流れが乱されたり新しい操作が介入したりすると，その後の行動の流れが阻害されます。例えば，車の運転という作業では，ハンドルを握り/前方を確認し/アクセルを踏み/スピードを調整する，など一連の作業群で構成されています。これらの作業群は流れを構成しており，この流れの一部が乱された場合には，作業全体の流れが阻害されて運転行為自体に危険が発生してしまいます。

(2) 人間は行動するためにつねに新たな情報を必要とする：

一連の機器操作において，つぎの操作に取り掛かる場合にはつぎの操作プロセスによってどのような変化が起こるかを予測します。熟練者の場合，予測の範囲が広くかつ予測内容も的確で迷わずに操作ができます。一方，初心者の場合には予測の範囲が狭く，適切な予測ができないため精神的な緊張状態が高くなる傾向があります。したがって操作の支援システムを設計する際，現行データとともに予測値を表示することによって初心者でも操作精度を高められるようにし，ヒューマンエラーを減少させることができます。

再度，車の運転という作業を例題として考えてみましょう。運転席のフロントパネルにはさまざまな計器が表示されていますが，ガソリン残量のメータがあります。古い車では，ガソリン残量メータしか設置されていませんでしたが，最近の車では走行可能距離も表示されるようになりました。車のシステムが，ガソリン残量と平均燃費から残りのガソリンでどのくらいの距離を走行できるか，予測値を示している例です。高速道路の走行では，何キロ先にガソリンスタンドがあるか掲示されているので，この走行予測距離の表示は初心者でなくとも便利な機能です。

(3) 人間は困難に遭遇すると自らワークロードを上げるが限界がある：

作業中に緊急事態に遭遇した場合，平常時と比べて処理すべき情報量が多く，また短時間で多くの判断を行う必要があります。このため作業者のワークロード（心身の負荷）が急速に増加します。このような事態への対処において，熟練者のワークロード限界と初心者のワークロード限界には差があります。したがって，熟練者が緊急事態に対処できたからといって他の作業者が対処できるとはかぎりません。また，ワークロードが増加するのに伴い，ヒューマンエラーが発生する確率も増加します。緊急事態においては，作業者のワークロードを減らすようなインタラクションのデザインが必要です。

車の運転を例題として考えると，運転中に前方になにかが飛び出した場合には車を緊急停止する必要があります。車を最短距離で停止させるには，タイヤがロックしないように注意しながら極力強い制動力を車輪に与える必要があります。タイヤをロックさせない強い制動を行うためには，ブレーキを細かく踏み分ける「ポンピングブレーキ」を実施する必要があります。しかし，ポンピングブレーキは高い運転技術が要求される行為なので，運転中の緊急事態において周囲の状況に注意を払いながらハンドルを制御し，さらにポンピングブレーキを踏むという操作は，初心者には困難です。最近の車にはアンチロックブレーキというポンピングブレーキ機能が標準搭載され，運転者の緊急時サポートに役立っています。

(4) 人間は情緒的状態によって作業の精度が変わる：

作業が楽しい，役に立っている，他者から認められている，重要な作業を任されているなど，作業者の情緒的状態が良好な場合，高い作業精度を保つことができます。逆に，疲労や眠気などで士気が低下するとヒューマンエラーが増大します。つまり，作業者が適切に動機づけされてやる気のある状態であれば，作業精度が高く，ミスも起こりにくいといえます。

(5) 環境の危険要因をその環境の中で評価することはできない：

特定の作業環境に深く適応している場合，その環境の周囲を含めた全体の状況が見えにくくなることがあります。その場合，作業環境の中に事故につながる危険要因が存在していても，そのことには気づきません。特定のシステムにあまりにも順応すると，システムの問題点や危険要因に気づかなくなり，第三者によって指摘されてはじめて気づくことがあります。

スリーマイル島の原子力発電所で起きた炉心溶融事故（1979年3月米国）でも，最初にシステムの異常に気づいたのは，少々のトラブルが発生しても原子炉を停止しないよう訓練されていた運転員ではなく，外部から支援に来た人でした。

4

心身特性の計測

この章では，人間の心と体の内部状態を計測する方法について概説します。人間の心の動きを計測機を用いて直接測ることはできません。そこで，心の状態と相関する生理指標を用いて心を探ります。この章では，筋電，心拍，脳波，フリッカー値について説明するとともに，主観評価の尺度について概説します。

4章のキーワード：
心身相関，生理心理学，精神生理学，筋電図法（EMG），表面筋電位，心拍数，心拍変動性（HRV），R-R 間隔，脳波（EEG），フリッカー値，閾値，主観評価，尺度構成法

4.1 人間の心理を生理指標で測る

すごく好きな人が自分の目の前に立ったら，たちまち心臓がドキドキした，こんな経験をした人は，読者の皆さんの中にも多いのではないでしょうか。心と体の関係を表す面白い例として，漆アレルギーの話があります。漆の木の下を通るだけでアレルギーが出るという漆アレルギーの人に対し，実際には漆の木なのにそれを他の木（漆ではない）であると教えてその木の下を通らせてもアレルギー反応は出ず，逆に漆ではない木に対してそれを漆の木であると教えてその木の下を通らせると実際にアレルギー反応が出た，という話です。特にアレルギーのない人であっても，不安や不快感，イライラ感が長くつづくと，頭痛や不眠，過呼吸などの身体的な変化を引き起こすことがあります。

もともと気持ちの問題のはずなのに，なぜ体の内部状態が変わるのでしょうか。これは，心の状態と体の状態が密接に関係し合っているからで，このような関係性を**心身相関**と呼んでいます。人間の認知活動や感情状態など心の働きを，生理学的指標を用いて探っていく研究分野が**生理心理学**（physiological psychology）です。これは心の状態と体の状態，つまり体内の生理状態が密接に関係していることを利用して，生理学的な計測を実施することで心理的な状態を探る方法です。特に，人間の行動を操作したときの生理学的な変化を計測し，その行動のメカニズムを解明しようとするアプローチを**精神生理学**（psychophysiology）と呼んでいます。

生理心理学の計測方法は工学にも応用されており，特にさまざまな製品やサービスをユーザがどのように感じているか，という感性評価の方法として用いられるようになりました。

4.2 生理的な計測

生理的な量を計測する目的は，生体内部の客観的な情報を捉えることにあります。この節では，工学分野でもよく用いられる生理計測の種類と概要について述べます。

4.2.1 筋電図（EMG）

筋の緊張状態を推定する方法として**筋電図**（electromyography，**EMG**）があります。筋電図とは生体電気記録の一つであり，筋線維が収縮するときに発生する活動電位の値を計測し，記録したものです。筋の緊張に伴って発生する電位（筋電位）を計測することにより，どの筋が，どのようなタイミングで，どの程度の強さで緊張しているかを推定することができます。筋電位によって筋の緊張状態を計測できるので，例えばスポーツを行っているときに選手のどの筋が活動してどの筋が休息しているかなどを計測することによって，選手の熟達を定量的に分析したり，フォームを改善したりする用途で盛んに利用されています。筋電位を測定する方法は，大きく分けて2種類に分類できます。

(1) 筋に針電極を挿入して筋線維の電位を直接記録する方法：

この方法は，筋線維自体の機能を調べるなどミクロな計測が目的であり，例えば神経筋疾患の診断などで用いられます。針電極では，筋に針を刺すことから侵襲性が非常に高いなど，さまざまな制約があるため，工学的に応用されることはほぼありません。

(2) 皮膚表面に電極を貼付して皮下にある筋全体の電位の総和を記録する方法（**図 4.1**）：

この方法は，筋（または筋群）全体の活動電位を計測することが目的で，広く用いられています。この方法で計測した筋電位を**表面筋電位**と呼びます。皮膚表面に電極を貼付して電位の計測ができるため，人に苦痛を与えたりしない，電極を付けたまま運動できる，といった長所があります。

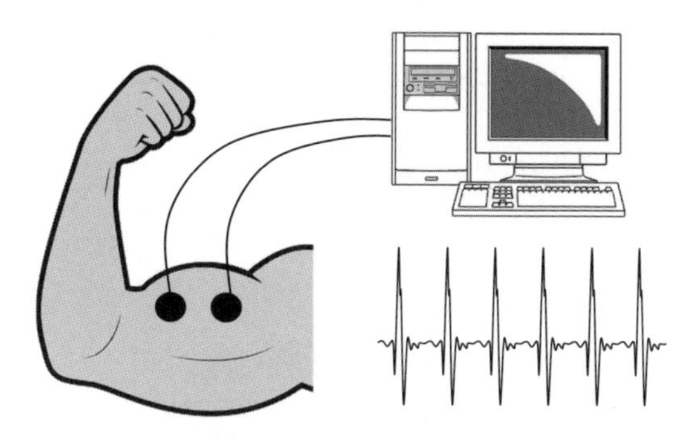

図 4.1　表面筋電位の計測

また，筋電図で使う電極，および筋電位の特徴については以下のとおりです。

(1) **筋電図で使う電極**：

表面筋電位の測定で用いられる電極として，さまざまな素材や形状，大きさのものが用いられます。電極素材としては，ステンレス，銀，銀–塩化銀などが用いられています。皮膚との密着性と導電性を高めるため，ゼリー状の電解液を塗布するのが一般的です。2 点電極間の電位を記録する双極誘導法では，測定対象とする筋の筋腹上の皮膚に，筋線維の走行と平行に 2 個の電極を約 2〜3 cm の間隔で貼り付けて電位を計測します。

(2)　**筋電位の特徴**：

表面筋電位の周波数は，約十～数百 Hz で不規則に変化します。波形の振幅は，筋の収縮強度にほぼ比例しますが，通常は 10 μV～数 mV 程度まで変化します。波形の振幅の大小を観測することによって，筋収縮の度合いを知ることができます。

図 4.2 は，筋電位変化の典型的な波形とパラメータです。筋電位波形の持続時間は数ミリ秒，振幅は数ミリボルトです。疲労によって，筋電図の低周波成分が増加する傾向（徐波化）が見られます。

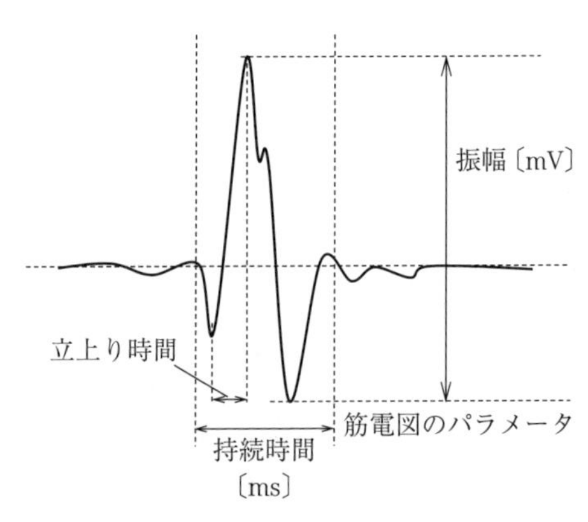

図 4.2　筋電位変化の波形とパラメータ

4.2.2　心拍変動性（HRV）

激しい運動をした直後など心臓がどきどきしますが，これは自分の心臓が拍動している振動を自分自身で感じているためです。1 分間に心臓が拍動する回数が**心拍数**（heart rate）であり，健康な成人の安静時の心拍数は 60～100 回です。1 回の心拍でドキンとするのは，**QRS 波**です。心臓の鼓動が速いか遅いかを測定するには，1 拍目の拍動とつぎの 2 拍目の拍動との間の時間間隔を測ればよく，これを**心拍間隔時間**と呼んでいます。鼓動が速ければ心拍間隔時間は小さく，鼓動が遅ければ心拍間隔時間は大きくなります。心拍間隔時間の計測では R 波とつぎの R 波の間の時間間隔を計測しますが，ことからこの計

測時間を **R–R 間隔**（R–R interval）と呼んでいます。この R–R 間隔は，安静にしているときでも 900 ms 前後の時間で周期的に変動することが知られています。このような心拍間隔の周期的な変動を「**心拍変動**」または「**心拍ゆらぎ**」と呼んでいます（**図 4.3**）。

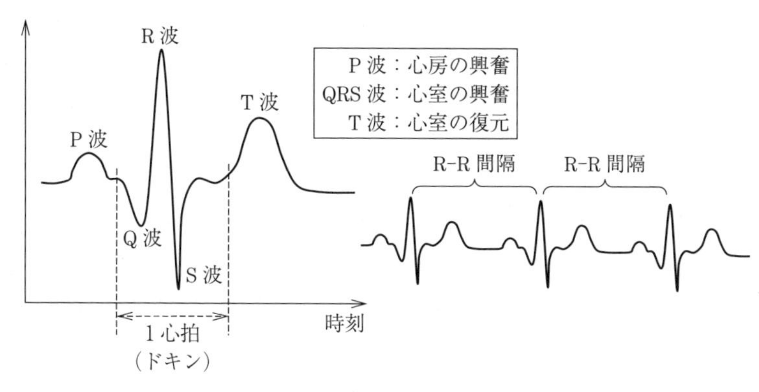

図 4.3　心拍波形とパラメータ

心拍変動性（heart rate variability，**HRV**）は精神的緊張と相関することが知られています。つまり精神的緊張が高まれば心臓の鼓動が高まり（心拍数増加），リラックスすれば鼓動は緩慢になる（心拍数が減少）という傾向です。このような相関関係を前提として，心拍変動を計測することによって精神的緊張度を推測することが可能になります（**図 4.4**）。

心拍変動性データから自律神経のバランス状態を推定する方法として，心拍変動性の高周波成分と低周波成分の比率を測定する方法があります。交感神経

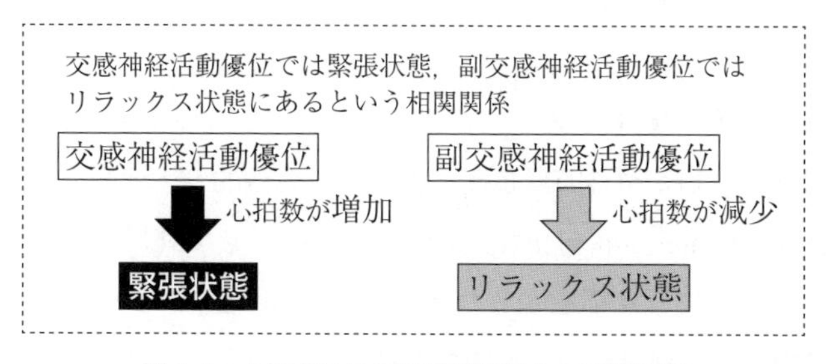

図 4.4　心拍変動性と精神的緊張との相関関係

と副交感神経の緊張状態のバランスによって，心拍変動に含まれる変動波の**高周波成分**（high frequency，**HF**）と**低周波成分**（low frequency，**LF**）の比率が変わってきます。そこで，この周波数成分の比率を用いて自律神経のバランスを推定するのが狙いです。LF と HF の測定では，R-R 間隔データを時系列でプロットしていき，そのデータに含まれる周波数成分（パワースペクトル）を分析します。

① **LF**：　0.05〜0.15 Hz（低い周波数帯域）のパワースペクトルを積算した値です。この周波数帯域での変動成分は，主に交感神経（緊張した状態）の活動を反映すると考えられています。ただし，副交感神経の影響を受けることもあるため，LF の値を全パワースペクトル成分で割った **LF norm**（normalized LF）を交感神経活動の指標とする場合があります。

② **HF**：　0.15〜0.40 Hz（高い周波数帯域）のパワースペクトルを積算した値です。この周波数帯域での変動成分は，副交感神経（リラックスした状態）の影響しか受けませんので，HF は副交感神経活動の指標として利用されます。

③ **LF/HF**：　LF の値を HF で割ったものです。交感神経と副交感神経のバランスを指標化することを目的とする値です。LF/(LF + HF) とする文献もあります。一般的に，リラックス状態では LF/HF の値は小さくなり，ストレス状態では LF/HF の値が大きくなります。LF/HF が 0.8〜2.0 の範囲であれば正常と判断します。

4.2.3 脳　波（EEG）

心拍変動性と同じく精神的緊張度を推定する客観的・生理的方法として，**脳波**（electroencephalogram，**EEG**）も有効な指標として利用されています。脳波とは，脳の大脳皮質を構成する約 40 億個の神経細胞が発するシナプス電位などの**活動電位**（神経細胞が発する電気信号）の総和を，頭皮上から誘導して増幅したもので，大脳の活動状態を調べることを目的として計測を行います。

脳波は，もともと臨床診断や睡眠深度の測定などに用いられてきました。しかし，近年ではインタラクションの研究においても，脳波を構成する特定の周波数成分が精神的緊張度と関連があることを利用して，感性評価などを目的として脳波計測が行れています。

(1) **脳波の計測方法**：

脳波の電位はμV（100万分の1ボルト）程度ときわめて微弱であるため，ノイズ（筋電位や眼電位の混入や交流電源）の影響を受けやすいものです。また，まばたきや歯噛みによる頭部や頸部の筋活動が容易に混入して，これがノイズ成分となります。脳波は，神経細胞群がいっせいに同じ極性の活動電位を出したとき，つまり多くの脳神経による活動が同期したときの電位を計測しているため，仮に多くの神経細胞が活動していたとしてもそれらがばらばらの非同期な活動の場合には，小さな電位しか得られません。脳波計測で用いる電極の配置は，国際脳波学会が推奨する「**10/20法**」に準じます。「10/20法」では，耳のアースを除き19箇所の装着位置が指定されていますが，実際の計測では，研究の目的によって使用する電極の数を決めています（**図4.5**）。

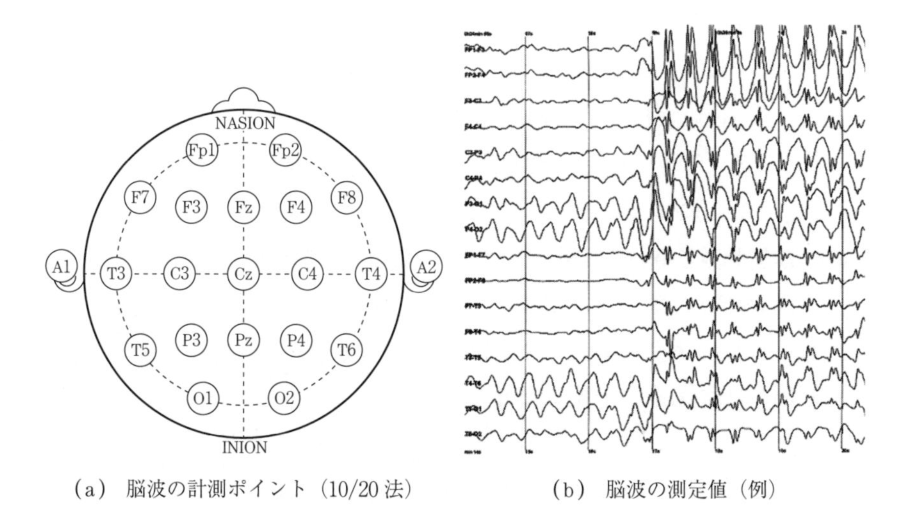

(a) 脳波の計測ポイント（10/20法）　(b) 脳波の測定値（例）

図4.5 脳波の計測ポイントと脳波の波形

(2)　**脳波の構成**：

脳波計測で取得したデータはノイズのような波形であり，波形データをそのままの形で解釈することは困難です。通常は，取得した波形データにどのような周波数成分が含まれているかを分析します。一般的には，**高速フーリエ変換**（fast Fourier transform，**FFT**）でディジタル計算を行います。FFT によって得られた周波数分析の結果を**パワースペクトラム**と呼んでいます。通常，脳波は数 Hz から数 10 Hz の波で，その周波数帯によって脳活動との関係がわかっており，リラックス状態やストレス状態などがわかります。

- **γ 波（ガンマ波）**：　周波数 30〜64 Hz，イライラしたときや興奮しているときなど，脳の活動が非常に活発なときの波です。
- **β 波（ベータ波）**：　周波数 14〜30 Hz，別名**ストレス波**とも呼ばれ，仕事をしているとき，緊張しているときの波です。
- **α 波（アルファ波）**：　周波数 8〜13 Hz，別名**リラックス波**と呼ばれ，リラックスしているときの波です。禅僧が座禅を組んで忘我の境地に入っているときも α 波が出ているといわれています。
- **θ 波（シータ波）**：　周波数 4〜7 Hz，別名**まどろみ波**ともいわれ，α 波よりもさらにリラックスしたときの波です。人が眠る寸前や，浅い眠り（レム睡眠）のときの波です。
- **δ 波（デルタ波）**：　周波数 0.5〜3.5 Hz，夢を見ないくらい深い睡眠（ノンレム睡眠）のときに出る波です。

(3)　**脳波計測で用いる電極**：

脳波計測で用いられる電極は，銀–塩化銀電極が一般的です。電極の貼付部位は，10/20 法に基づく標準化された位置です。測定電位は μV オーダーときわめて微弱であり，ノイズ（筋電位や眼電位

★このキーワードで検索してみよう！

> ブレイン・マシン・インターフェース
>
> HCI の授業では「ブレイン・マシン・インターフェース」に関する多くの質問が出ます。このキーワードで検索すると，BMI に関する多くの研究紹介サイトがヒットします。

の混入や交流電源）の影響を受けやすいため，精密な測定を行うためには計測環境を整える必要があります。

4.2.4 フリッカー値

中枢神経系の疲労や覚醒度を検出したり精神疲労や身体疲労を判定したりする場合，**フリッカー値**（critical flicker fusion frequency，**CFF**）が用いられます。フリッカーのマークがちらついて見えるかそれとも点きっぱなしに見えるか，その境界周波数と大脳皮質の活動状態が相関することがわかっています。この特性を用いて，フリッカー値を計測することで精神的な疲労を測定します。フリッカー値計測装置では，装置の中を覗くと点滅するマークが見え，その点滅周波数が変化します。

この点滅周波数を変化させていくと，点滅して見えていた光が点灯する光に（あるいは点灯光が点滅光に）変化して見える境界周波数が特定できます。この境界周波数を計測してフリッカー値とします。疲労が小さく覚醒水準が高い場合にはフリッカー値は高く，逆に疲労が大きく覚醒水準が低くなってくるとフリッカー値も低下します（**図 4.6**）。

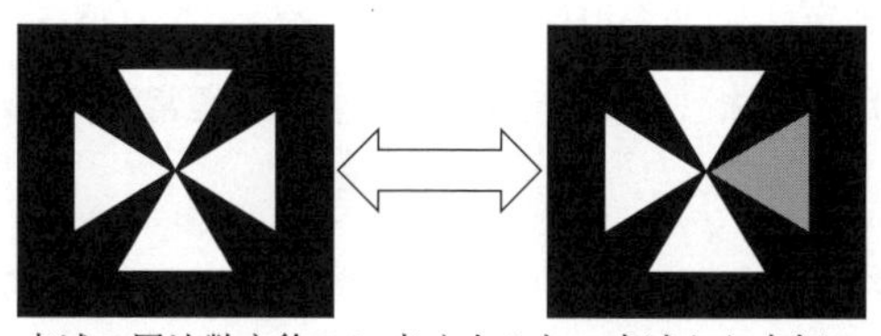

点滅の周波数を徐々に高くすると，点滅から点灯に見えるようになる。この点滅から点灯に見えたときの周波数が「フリッカー値」です

図 4.6　フリッカー値の計測例

4.3 心理的な計測

人間の感覚・知覚や知能・性格，あるいは嗜好や社会的態度など，人間の心理特性に関わるデータを取得する方法が心理計測です。

4.3.1　精神物理学的測定法

精神物理学的測定法（psychophysical methods）は，物理量として測定された刺激とその刺激に対する知覚との関係を定量的に計測する方法です。精神物理学的測定を実施する場合，知覚が起こるために必要な最小限の刺激強度である**閾値**（しきいち）(threshold) を設定する必要があります。閾値には，① **絶対閾**（いき）(absolute threshold) または**刺激閾**（いき）(stimulus threshold)，② **弁別閾**（いき）(difference threshold)，③ **刺激頂**（terminal threshold），があります。

① **絶対閾または刺激閾**：　特定の感覚が生じるための最小の値です。例えば，光る点の輝度を下げて行ったとき，どの程度まで見えるかなどを特定する値です。

② **弁別閾**：　刺激の変化量がわかる最小の差分値です。例えば，輝度を下げていった場合，輝度の変化がわかる最小の差分がどの程度の差かといった値です。

③ **刺激頂**：　刺激の強度を上げていった場合，特定の値を境にしてそれ以上に刺激強度を上げても感覚量が増加しなくなったときの刺激の値です。

精神物理学的測定法でよく用いられる測定法には，(1) **調整法**（method of adjustment），(2) **極限法**（method of limits），(3) **恒常法**（constant method），があります。

(1) **調　整　法**：

基準として提示された刺激（**標準刺激**，standard stimulus）に対し，実験協力者が自分で**比較刺激**（comparison stimulus）を変化させて指示された刺激強度に調整する方法です。例えば，ディスプレー上に，ある輝度で青の正方形（標準刺激）と，それと同じサイズの緑の正方形（比較刺激）を提示し，2 色が同じ明るさと感じるように実験協力者に緑の正方形（比較刺激）の輝度を調節させる，などです。

(2) **極　限　法**：

標準刺激と，順番に提示される比較刺激（刺激強度が増加しているまたは減少している）とを実験協力者が比較し，実験者の指示に応じて反応する方法です。例えば，刺激の輝度が少しずつ変化するような比較刺激が順次表示され，実験協力者が標準刺激に対して比較刺激が「明るい」，「暗い」，「どちらでもない」などの3件法で反応する，などです。

(3) **恒 常 法**：

標準刺激と，ランダムな順序で提示（20～200回）される比較刺激（通常，4～7段階）とを実験協力者が比較し，実験者の指示に応じて反応する方法です。例えば，刺激の輝度が少しずつ変化するような比較刺激がランダムに表示され，実験協力者が標準刺激に対して比較刺激が「明るい」，「暗い」，「どちらでもない」などの3件法で反応する，などです。

4.3.2 主 観 評 価

主観評価（subjective evaluation）は，例えば「よいか悪いか」，「どれくらいよいと感じるか」など，実験協力者の主観的印象について答えてもらい，それをデータに変換する方法です。主観評価を実施する場合，(1) **名義尺度**（nominal scale），(2) **順序尺度**（ordinal scale），(3) **間隔尺度**（interval scale），(4) **比例尺度**（ratio scale），の四つの**評価尺度**（rating scale）があります。

(1) **名 義 尺 度**：

カテゴリー分類のために名称が付けられた尺度です。例えば，アンケートで性別「男性」，「女性」や，居住地域「東京」，「神奈川」，「千葉」を選択するなどが名義尺度です。

(2) **順 序 尺 度**：

対象の順番に意味をもたせるような尺度ですが，順序の間隔には意味をもたせません。例えば，製品A，B，Cを使いやすい順に並べるなどですが，1番目と2番目の項目がどれくらい近いか遠いか，あるいは2番目と3番目がどれくらい近いか遠いかなどは問題にしません。

(3) **間 隔 尺 度**：

比較対象の大小関係に意味をもたせ，かつ隣り合う評定値の差（間隔）

は等しいと見なす尺度です。例えば，カレンダーの日付は1日ごとに等間隔に並んでいますが，目的の日まであと何日かといったように，日程の差には意味があります。しかし，例えば9月1日という日付に対して9月8日が8倍の値をもつわけではなく，値の比率には意味がありません。またゼロもありません。このような尺度が間隔尺度です。

(4)　**比 例 尺 度**：

目盛の間隔が等しく，かつ比例関係も成り立つ尺度です。例えば，重さや長さなどの測定値は比例尺度に該当します。身長180 cmの人の高さが，身長90 cmの人の2倍であることには意味をもたせることができます。身長，体重，年齢などのようなデータは比例尺度に該当します。

人間の主観的な経験を測定するためには，目的に応じて尺度を構成し，適切にデータ化することが必要です。このように計測の目的に応じて尺度を作成する方法を**尺度構成法**（scaling method）と呼びます。尺度を構成する上で重要なのは，そもそも「何のために」，「何を」測定するのか，その目的を明確に絞り込むことです（**表 4.1**）。

表 4.1　尺度構成の例

Q1　性別	1. 男性	2. 女性		名義尺度
Q2　現住所	1. 東京	2. 神奈川	3. 千葉	
Q3　身長	181.5 cm			比例尺度
Q4　快適さ	快適	どちらでもない	不快	
（製品 A）	○			間隔尺度（見なし /p.208 参照）
（製品 B）			○	
（製品 C）		○		
Q5　快適な順	C	A	B	順序尺度

設計した評価尺度によって測定したデータは，どのような統計処理が可能なのかを設計段階で検討することも重要です。特に，主観評価データの多くは，順序には意味があっても項目間の等間隔性や等比性は保証されません。

5 人と環境との相互作用

われわれは，自分の行動は自分自身で決めていると思いがちですが，実際には環境から大きな影響を受けながらさまざまな活動を行っています。この章では，人と環境との相互作用について概説します。気候，照明，騒音について作業の種類と許容できる範囲などについて触れます。

5章のキーワード：
サーカディアンリズム（概日リズム），温度，湿度，気流，絶対湿度と相対湿度，感覚温度，有効温度，不快指数，暑さ指数，温熱的中性域，照度，グレア，色温度，プルキンエ現象，騒音レベル（dB）

5.1 環境の中の人間

われわれは，日々，環境からの影響を強く受けながら生活しています。例えば，人間は**サーカディアンリズム**（**概日**(がいじつ)**リズム**）という約24時間で周期的に変化する生理的なパターンをもっています。このリズムが長期的に乱れると健康を損なうことが知られています。また，悪化した健康を取り戻すための投薬においては，サーカディアンリズムを考慮することで薬の効力が増し，副作用を減ずる可能性も指摘されています。つまりわれわれの体は，24時間という地球の自転周期に合わせて生理的な仕組みが動くように調節されているわけです。これは人間に限ったこと

★このキーワードで検索してみよう！

色認知 & ヒンバ族

文化（環境）によって認知できる色が異なるという研究報告があります。TVでも放映され話題になった「ヒンバ族」の色認知について検索すると，興味深い情報がヒットします。

ではなく，地球上に住むほとんどの生物もサーカディアンリズムをもっているといわれています。

本章では「環境」を「自分以外のすべて」と定義します。つまり，自分を取り巻く物や人や事を，ここではすべて「環境」と呼ぶことにします。われわれは，自分と自分の周りのさまざまな環境要素との関係に左右されながら日常の作業環境の快適性や仕事のしやすさなどを感じています。さまざまなインタラクションをデザインする上では，人間が実行する作業と作業環境との適合性を考慮する必要があります。

表 5.1 は，物理的な環境要素をまとめたものです。環境要素の中でも，特に主要な環境要素は，気候，照明，騒音ですが，これら以外にも空気環境，振動，さらに特殊環境条件が存在する場合もあります。例えば，有害ガスやウイルスなどが存在するような空気環境では，防護服や手袋を装着しての作業が予想されますので，通常の事務室での作業を想定してインタラクションをデザインしても，結局「使えない」という状況に陥る可能性があります。移動中の車内での作業など，大きな振動環境で使用する情報システムでも，精度の高いオペレーションを求めるようなインタラクションは使い物にならないでしょう。このように，情報システムのインタラクションを考える上では，システムがどのような環境で使用されるかについても十分に検討する必要があります。

表 5.1　物理的な環境要素

環境要素	内　　訳
気　候	温度，湿度，気流など
照　明	明るさ，色，コントラスト，グレアなど
騒　音	大きさ（音量），高さ（ピッチ），音色など
空　気	粉じん，ガス（一酸化炭素など），細菌・ウイルスなど
振　動	振幅，周期など
特殊環境	気圧，放射線など

5.2 気　候　環　境

気候は，われわれの外界を取り巻き，作業環境の快適性に直結する要素の一つです。この節では，気候に関わる要素と各気候要素に影響を及ぼす要因について述べます。

5.2.1 気候に関わる環境要素

気候に関わる環境要素には，温度，湿度，気流，光，降水量，気圧などがあります。**表 5.2** は，気候の要素と気候に関わる要因をまとめたものです。人間の温熱感覚に影響する環境要素は，**温度**（環境温度と輻射熱），**湿度**，**気流**です。

表 5.2　気候の要素とそれに関わる要因

気候要素	気候に関わる要因
温　度	気温，輻射熱
湿　度	相対湿度，絶対湿度
気　流	風速，風向
光	日照時間，日射量，照明
降　水	雨量，降雪量
気　圧	大気圧，蒸気圧

(1) **温　　度**：

温度に関わる要因には，気温の他に輻射熱があります。気温は，空気の分子がもつ熱エネルギーが伝わってくることによって温度を感じる現象です。一方，輻射熱は空気の分子による熱伝導ではなく，熱赤外線のエネルギーが直接伝わってくる現象です。例えば，赤外線ヒータを稼働させると赤外線を放出しますが，これは空気を温めるのではなく，赤外線が当たった物体表面が直接温められます。

一般に，室内温度の快適範囲は 17〜28℃で，夏は 25〜28℃，冬は 17〜22℃が快適といわれています。

(2) **湿　　度**：

湿度には**絶対湿度**と**相対湿度**があります。日常生活で耳にする湿度は相対湿度で，特定の温度の空気中に含有できる最大水蒸気量に対して，どのくらいの水蒸気量を含むかの割合で表されます。

$$\text{相対湿度} = \frac{\text{対象とする空気の水蒸気量}}{\text{飽和水蒸気量}} \ 〔\%〕 \tag{5.1}$$

飽和水蒸気量は温度によって変化するので，空気の水蒸気量が一定だとしても室温が変化すると相対湿度は変化します。温度が下がると飽和水蒸気量も下がるので，同じ部屋の中であっても温度が低い部分（例えば，冬の窓際など）では相対湿度が上がり，結露などの原因となります。絶対湿度とは，**乾き空気**（水蒸気をまったく含まない空気）に対する水蒸気の重量割合で，**容積絶対湿度**と**重量絶対湿度**の2種類があります。容積絶対湿度は，**湿り空気**（一般に存在する水蒸気を含んだ空気）1 m^3 中に何グラムの水蒸気が含まれるかで表します。重量絶対湿度は，乾き空気（1 kg）に水蒸気が何グラム含まれるかで表します。一般に，室内湿度の目安は40～60%が快適範囲といわれています。

(3) **気　　流**：

環境の快適さには，気流も影響を及ぼします。通常，人間の体温は室内温より高いため，人体周辺にはわずかな上昇気流が発生します。この気流が汗の蒸散を助け快適に感じるようです。夏季の服装時には0.2 m/s程度の気流によって体感温度が1℃下がるといわれています。他方，冬期は窓ガラスが外気温で冷やされ，窓付近では局所的な下降気流が発生します。これは**コールドドラフト**と呼ばれ，冬季に発生する不快な気流です。

5.2.2 感 覚 温 度

感覚温度とは，人間の温度感覚に関係する諸要素を総合して一つの数値で表した温熱指数です。人間は，暑さ寒さを気温，相対湿度，気流，輻射熱などで総合的に感じています。そこでヤグロー（C.P. Yaglou）らは，人間の体感デー

タに基づいて気温 T，湿度 100%，無風を基準として，これと等しい温度感覚を与える状態を**有効温度**（effective temperature，**ET**）と定義しました。有効温度（ET）は，乾球温度，湿球温度（どちらも次項参照）および気流速度を実測することで求めることができます。

例えば，気温（乾球温度と同じ）24℃，湿球温度 15℃（この場合の相対湿度は 33%），風速 0.5 m/s であるとすれば，**図 5.1** の図表を用いて 20℃の有効温度であると計算することができます。

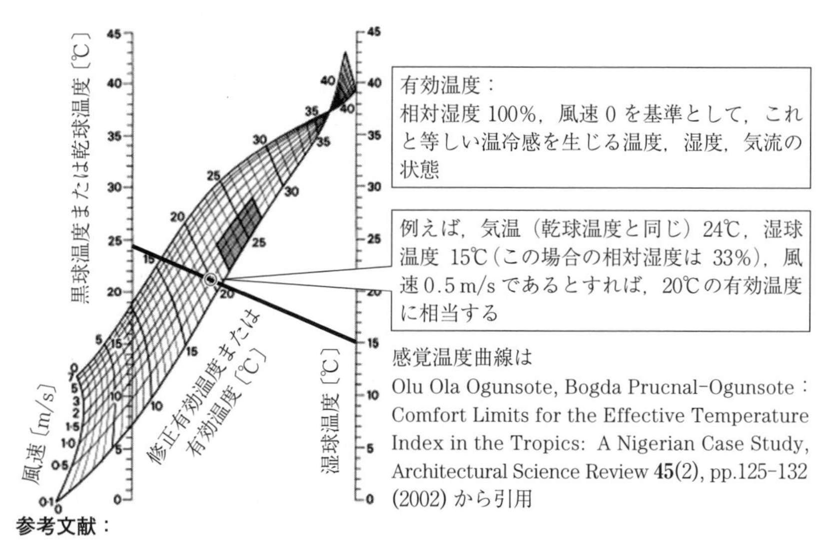

参考文献：

C.P. Yaglou, Anna M. Baetjer, Willard Machle, W.J. McConnell, L.A. Shaudy, C.E.A. Winslow and W.N. Witheridge：Industrial Hygiene Section: Atmospheric Comfort (Thermal Standards in Industry), Am. J. Public Health Nations Health, **40**(5 Pt 2), pp.131-143 (May 1950)

図 5.1　有効温度 ET の求め方（例）

5.2.3　不快指数 DI と暑さ指数 WBGT

(1)　不快指数 DI：

不快指数（discomfort index，**DI**）とは，夏の蒸し暑さを数量的に表した温熱指標の一つで，温度および湿度に基づいて人体に感ずる快・不快の程度を数値で表したものです。不快指数 DI は，つぎの式で算出することができます。

$$\mathrm{DI} = 0.81T + 0.01U(0.99T - 14.3) + 46.3 \tag{5.2}$$

ここで，Tは気温〔℃〕，Uは相対湿度〔%〕である。

式(5.2)で計算した値は，**表5.3**に示したように解釈することができます。不快指数は75を超えると不快と感じる人が増大し，80を超えると半数の人が不快と感じ，85を超えると全員が不快を感じます。

表5.3　不快指数と温熱の感覚との関係

不快指数	温熱の感覚
< 60	肌寒い
～65	暑くも寒くもない
～70	快適
～75	やや暑い，10%の人が不快
～80	暑い，50%の人が不快
～85	暑い，汗が出る，全員不快
> 85	暑くてたまらない

例えば，気温30℃，湿度70%という条件を設定し，式(5.2)で不快指数を計算してみましょう。気温30℃，湿度70%なので式(5.2)に代入すると

$$\begin{aligned}\mathrm{DI} &= 0.81T + 0.01U(0.99T - 14.3) + 46.3\\ &= 0.81 \times 30 + 0.01 \times 70 \times (0.99 \times 30 - 14.3) + 46.3\\ &= 81.38\end{aligned}$$

気温30℃，湿度70%では不快指数DI値は約81.4で，この値を表5.3に照らして判断すると，多くの人が不快と感じる環境であることがわかります。この不快な感覚は，確かにわれわれ自身の経験とも合致していると思います。

(2)　**暑さ指数WBGT**：

暑さを表す指数として，不快指数以外にも「**暑さ指数**（wet bulb globe temperature，**WBGT**，**湿球黒球温度**）」があります（**表5.4**）。この指数は，熱中症を予防することを目的として，1954年にアメリカで提案された指

表 5.4　熱中症の危険性を示す暑さ指数（WBGT）

温度基準（WBGT）	注意すべき生活活動の目安	注意事項
危　険（31℃以上）	すべての生活活動で起こる危険性	高齢者においては安静状態でも発生する危険性が大きい。外出はなるべく避け，涼しい室内に移動する
厳重警戒（28～31℃）		外出時は炎天下を避け，室内では室温の上昇に注意する
警　戒（25～28℃）	中等度以上の生活活動で起こる危険性	運動や激しい作業をする際は定期的に十分に休息を取り入れる
注　意（25℃未満）	強い生活活動で起こる危険性	一般に危険性は少ないが激しい運動や重労働時には発生する危険性がある

出典：環境省熱中症予防情報サイト（https://www.wbgt.env.go.jp/wbgt.php）

標です。暑さ指数 WBGT は，人体と外気との熱のやり取り（熱収支）を考慮し ① 湿度，② 日射・輻射（ふくしゃ）など周辺の熱環境，③ 気温，の三つを用いる指標で，単位は気温と同じ摂氏度〔℃〕で示されます。

暑さ指数は，**黒球温度**（globe temperature，**GT**），**湿球温度**（natural wet bulb temperature，**NWB**），**乾球温度**（natural dry bulb temperature，**NDB**）を用い，つぎの計算式で得ることができます。

① 屋外での算出式：

WBGT ＝ 0.7 × 湿球温度 ＋ 0.2 × 黒球温度 ＋ 0.1 × 乾球温度〔℃〕

② 屋内での算出式：

WBGT ＝ 0.7 × 湿球温度 ＋ 0.3 × 黒球温度〔℃〕

暑さ指数は，気温だけでなく，湿度や日差しの違いも考慮して熱中症の危険性を示すものです。WBGTの算出方法および各指標の測定方法は「JIS Z 8504:1999 人間工学 —WBGT（湿球黒球温度）指数に基づく作業者の熱ストレスの評価—暑熱環境」で解説されています。

5.2.4　温熱的中性域

一般に，人間が感じる温冷感に影響を与える要因には，気候要素，着衣量，作業強度，季節，体格差，好み，性差などさまざまな要因が絡むため，快適な温度，湿度，気流を画一的に決めることはできません。安静な状態では，皮膚と肌着との間の気温（被服気候）が 32〜34℃前後で快適と感じます。

気温が低くなると，体温の低下を抑えるために体内で熱を生み出す生理反応（熱産生）が活発化します。一方，気温が高くなると，体温の上昇を抑えるために体内から熱を放出しやすくする反応（熱放散）が活発化します。このように，気温の変化に対応するためには，生理反応のエネルギーが必要とされます。極端に気温が低くなれば体内では大きな熱量を産生する必要があり，極端に気温が高くなればたくさんの発汗などを通して，大きな熱放散を行う必要があります。したがって，身体が生理反応のエネルギーをあまり使わなくてもよい温度範囲も存在し，そのような範囲を**温熱的中性域**（thermoneutral range）と呼んでいます。一般には，裸体で湿度の低い状態を前提とした場合に 28〜32℃が温熱的中性域に当てはまります。

5.3 照明環境

視覚を用いる作業を快適に進める上では，適切な照明環境を整えることが必要です。照明環境の快適さを決める照明要素には，**照度**（明るさ/暗さ），**グレア**（まぶしさ），**色温度**（いろおんど）などがあります。

(1) **外界の照度変化に対する目の対応**：

外界の照度範囲は大きく，昼と夜の照度の差は 10^9（1 億倍）にも及びます。眼球で光量を調節する絞りの役目を果たす瞳孔の直径は 2〜7 mm 程度で，この瞳孔における光量調節だけでは 10^9 もの開きのある照度変化に対応することはできず，網膜上の細胞にも照度変化に対応する機能が存在します（**表 5.5**）。

われわれの網膜上には**錐体細胞**と**桿体細胞**という 2 種類の**視細胞**があります。錐体細胞は，視対象の詳細や色の知覚に関与しますが，その一方，光への感度が低いという特徴があります。もう一方の桿体細胞は，視対象を精密に見ることはできず，また色を感じ取ることもできませんが，光へ

表 5.5　明るさ（照度）と見え方

照度〔lx〕	見　え　方	明るさ例
10^5		☀晴天
10^4		曇り
10^3	色と影が はっきりとわかる （明所視）	☂雨
10^2		蛍光灯
10		高速道
1	色と影が 少しわかる （薄明視）	街　灯
10^{-1}		満　月
10^{-2}		三日月
10^{-3}	明暗だけわかる （暗所視）	夜　空
10^{-4}		

の感度が非常に高い（錐体細胞の数十倍から 1 000 倍ほど）という特徴があります。人間の目が光として感じる（つまり見える）波長の範囲は，下限が 360～400 nm（ナノメートル），上限が 760～830 nm です。したがって，明るい場所では主として錐体細胞が機能（**明所視**）し，暗い場所では主として桿体細胞が機能（**暗所視**）しています。**図 5.2** は，明所視と暗所視の**比視感度曲線**です。**比視感度**とは，光の波長と人の目が感じる明るさとの関係を数値で表したものです。明順応の状態で，最大感度となる波長での感覚量を“1”とした場合，さまざまな波長の感覚量を比率で示したグラフが比視感度曲線です。

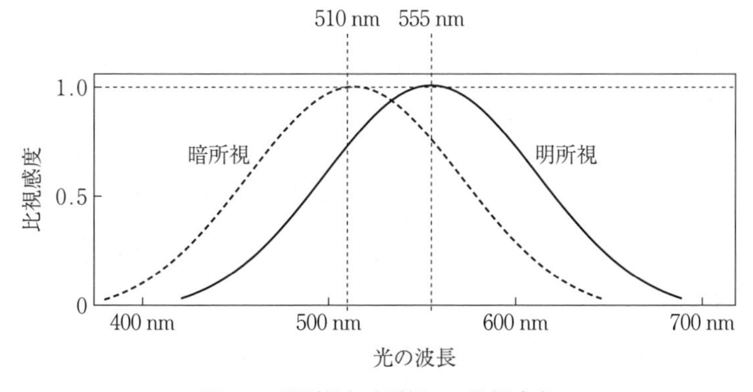

図 5.2　明所視と暗所視での比視感度

図に示すように，明所視では長波長側で感度が高く，暗所視では短波長側で感度が高いことがわかります。つまり，明所視から暗所視へ移る場合には赤い色が相対的に暗く見え，青い色が相対的に明るく見えるという現象が起こります。これを**プルキンエ現象**と呼んでいます。桿体細胞のみが働くような真っ暗な暗所視（白黒の世界）でもプルキンエ現象は起こるようです。このような状況で，例えば同じ明るさの赤色と青色の物体が存在する場合，桿体細胞は色の識別ができませんので二つの物体は共に灰色に見えますが，プルキンエ現象によって赤色の物体より青色の物体のほうが明るい灰色に見えます。

このように，われわれの視覚は2種類の視細胞がうまく機能分担することによって，外界における激しい照度変化に対応しています。

(2)　**照度と視力の関係**：

照明環境が不適切な場合には作業効率が低下し，心理的な不快感が増大するとともに，眼精疲労を誘発したりします。眼が細かいものを見分ける能力（視力）は，物体の明るさ（照度）と密接に関係します。

一般に，人間の視力は視対象の明るさ（照度）の増加とともに高くなり，暗くなれば視力も下がります。10^{-1}～10^{-2} lx（ルクス）といった満月の夜の明るさ程度では，視力は0.1～0.2程度まで下がってしまいます。したがって，製図や裁縫など細かい作業を行う環境では，少なくとも750 lxよりも明るい照明が必要です。一方，廊下や階段，浴室などでは極端に明るい環境は必要とされず，100 lx以上の照度があれば十分です（**図5.3**）。

(3)　**グ　レ　ア**：

視野内に輝度の高い光源が存在する，光源の極端な不均一があるなどによって，不快感や視覚の妨げをもたらす事態を指します。グレアの度合いは，光源の輝度，光源と背景とのコントラスト，光源の方向によって決まります。

図5.4はグレアが発生する状況について説明しています。図(a)に示すように，背景と光源の輝度のコントラスト（対比）が大きいほどグレアの

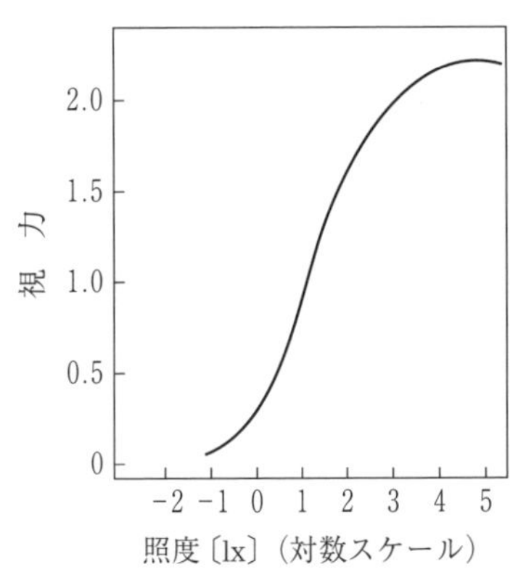

最低照度〔lx〕	主な作業内容または場所
1 500	きわめて細かい視作業
750	製図，タイピング，計算，読書（高齢者），裁縫
500	読書，一般事務作業
300	会議室，制御室，診察室，工場
200	食堂，調理室，教室，図書室
150	書庫，機械室，エレベータ，包装・荷造り
100	洗い場，浴室，廊下，洗面所，階段
75	喫茶室，更衣室，倉庫
50	屋内球技場，水泳プール
30	屋内非常階段，車庫，屋外球技場
20	納戸，物置
10	寝室

図 5.3　照度による視力の変化と作業に必要な照度

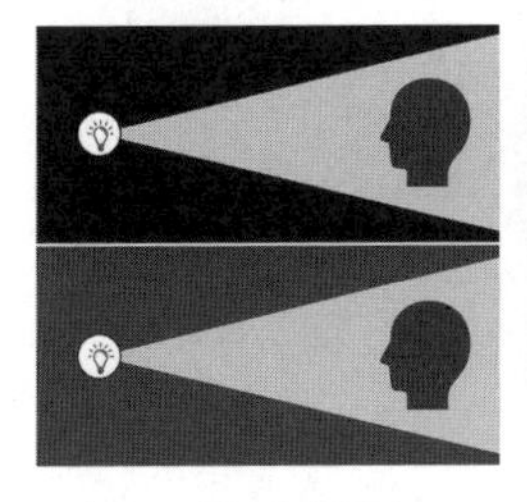
（a）光源と背景とのコントラスト

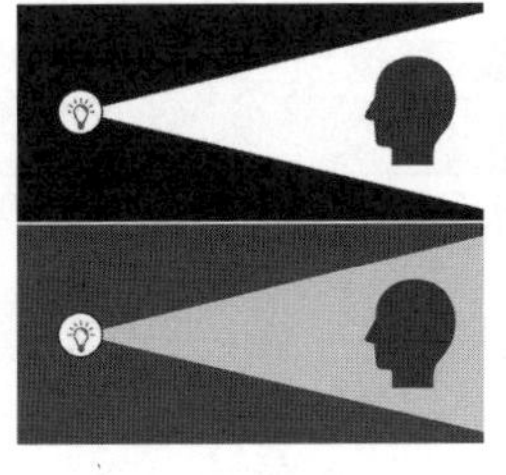
（b）光源の輝度

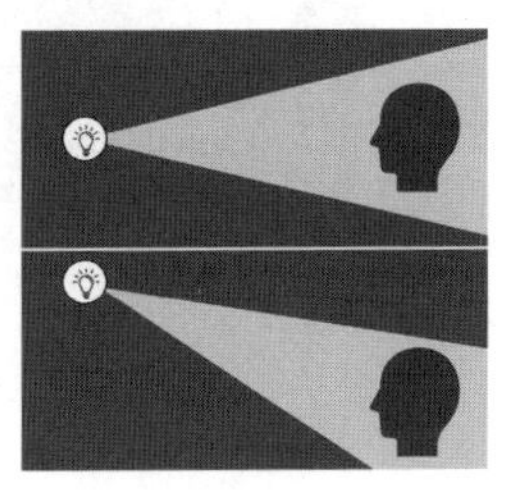
（c）光源の方向

図 5.4　グレアが発生する状況

程度が大きくなります。例えば，暗い部屋に明るい光源を置いた場合などがこの状況に当たります。図(b)は，光源の輝度の高さによるもので，輝度が高いほどグレアは強くなります。図(c)は，光源の方向に起因するもので，光源が視線と一致するとグレアの程度は最大になり，視線から外れるに従いグレアの程度は低下します。グレアによる不快感については，その程度を示す**グレアインデックス**（glare index, **GI**）が定義されています。

(4)　**色　温　度**：

ある光源が発している光の色を定量的な数値で表現する尺度（単位）です。色温度の単位には熱力学的温度の K（ケルビン）を用います。

物質に熱を加えていくと，物質の温度によってさまざまな色（波長）の光を放射します。比較的温度が低い場合には暗いオレンジ色，温度が高くなるにつれて黄色がかった白色となり，さらに高温になると青みがかった白色となっていきます。このように，放射される光の色を物質（黒体）から放射される光の色と対応させ，そのときの黒体の温度をもって色温度とします。朝夕の日光の色温度は2 000 K程度，昼間の太陽光は5 000～6 000 K，晴天の正午の太陽の光は6 500 K程度です。この色温度は照明装置でも使われており，色温度が低い照明ほど精神をリラックスさせ，色温度が高い照明ほど精神を高揚させます（**図5.5**）。

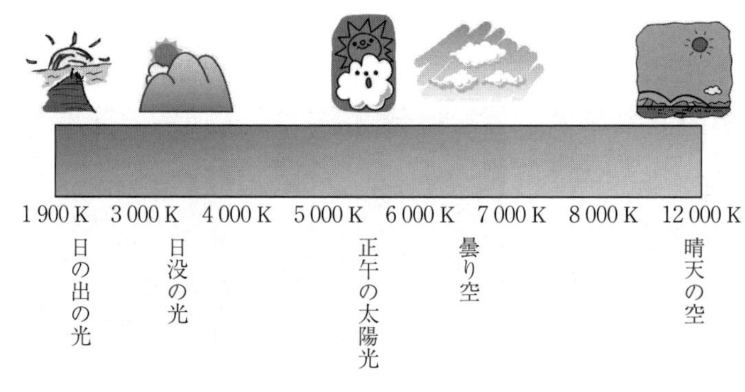

図5.5　色温度とその例

5.4　騒　　　音

騒音とは不快感を生じさせる音ですが，それだけでなく作業効率の低下や休息の妨害を引き起こし，過度な騒音は聴覚自体にダメージを与える危険性もあります。騒音の大きさは，**騒音レベル**（**dB**，**デシベル**）で表します。日常生活では，「静かだ」と感じるのは45 dB以下であり，望ましい音のレベルは40～60 dBといわれています（**表5.6**）。

60 dBを超えると騒音のために会話がしにくくなってきます。騒々しい街頭やセミの鳴き声（2 mの距離で聞く場合）の騒音レベルは70 dB程度で，このレベルではかなりうるさく，大きな声を出さないと会話ができません。80 dB

表 5.6　騒音レベルと会議室の設計例

騒音レベル	騒音のレベル	**身近な騒音場所** 設計対象物
25〜35 dB	非常に静か，大会議が可能	**深夜の住宅街** 重役室，大会議室
35〜40 dB	静か，4 mを超える大きなテーブルで会議可能。3〜9 m離れても普通の声で会話が可能	**静かな公園** 専用室，応接室，小会議室
40〜45 dB	2 m程度のテーブルで会議可能。電話をするにも支障はない。3〜9 m離れても普通の声で会話が可能	**静かな公園** 中事務室，工場事務室
45〜55 dB	1.5 m程度のテーブルで会議可能。電話はやや困難となる。普通の声で1〜2 m，やや大声で1.8〜4 m弱離れて会話が可能	**静かな事務所** 大きな技師室，製図室
55〜60 dB	2〜3人以下の会議は可能。電話はやや困難。普通の声で0.5 m程度，やや大声で1〜2 m程度離れて会話が可能	**デパートの売り場** タイプ室，計算機室，製図室
60 dB以上	非常にうるさく事務室には不適。電話の使用は困難	**騒音下の街頭** 適用なし

では地下鉄車内程度の騒音で，きわめてうるさいレベルです。さらに100 dBに達すると騒音レベルとしては鉄道のガード下相当の騒音で，聴覚機能に異常をきたすほどになります。ジェットエンジンの近くでは騒音レベルは120 dB程度です。

6 ヒューマンエラー

世の中では日々，大小さまざまな事故が起こっています。それらの事故の発端は多くの場合，軽微な間違いや確認不足である場合がほとんどです。しかし，小さな発端をきっかけにしていくつものエラーが連鎖し，最後には大きな事故に発展することがよくあります。この章では，ヒューマンエラーの事例を紹介し，その背景について考察を行います。また，ヒューマンエラーのモデルについて述べ，その発生防止策について概説します。

6 章のキーワード：
ヒューマンエラー，ハインリッヒの法則，スリップ/ラプス/ミステイク，ATS モデル，記述エラー，モードエラー，囚われエラー，連想活性化エラー，活性化消失エラー，データ駆動型エラー，非注意性盲目，フールプルーフとフェイルセーフ

6.1 「人為ミス」といわれる事故

ミスや間違いの経験がまったくない人はいません。われわれは，日々，さまざまな間違いやミスを犯しながらも，自分の行動を修正しながら円滑に生活を送っています。しかし，ミスや間違いに対しなんら対策を施さなければ，小さなエラーをきっかけにしてやがて重大な事故に発展し，深刻な被害をもたらす可能性があります。そして，実際に「人為ミス」といわれる深刻な事態が数多く発生しています。われわれは，さまざまな事故の事例を分析して，なぜ最初のエラーが発生したのか，なぜそのエラーが重大な事故に発展してしまったのか，重大な事態になることを阻止できなかったのかなど，事故の背景に存在するさまざまな要因について理解し，同じ過ちを犯さない工夫や，過ちが発生しても重大な事態に発展しないようにする防御策について考えていく必要があります。この節では，いくつかの重大な事故と，その背景に存在した要因について紹介します。

6.1.1 手術患者の取り違え死亡事故（事件）

(1) **事故の概要**：

1999年1月11日（月），横浜市立大学附属病院の手術室において，外科病棟の患者（A氏，B氏）の手術を行う際に，A氏をB氏と，B氏をA氏と取り違え，それぞれ本来行うべき手術（A氏は心臓手術，B氏は肺手術）とは異なる手術（A氏は肺手術，B氏は心臓手術）を間違って行いました。その結果両患者は死亡し，院長を含めた医師・看護師計18人が業務上過失致死容疑で書類送検されました（**図6.1**）。

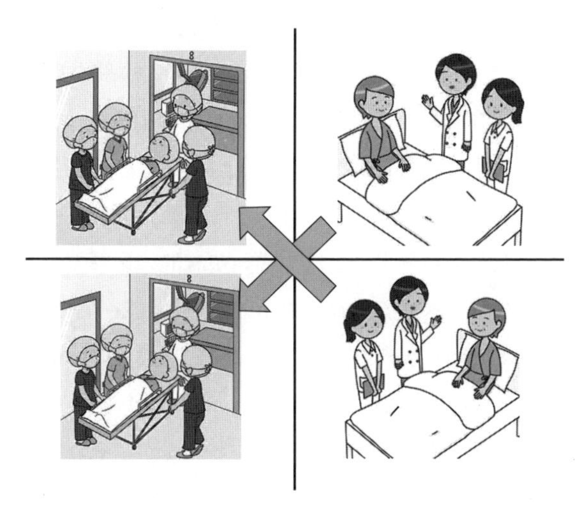

図6.1 患者をストレッチャーで輸送する途中で取り違えた事故

(2) **事故の原因**：

病棟看護師Dが患者両名をそれぞれストレッチャーに乗せ，病棟から手術室交換ホールに一緒に運び，手術部看護師Eに引き渡す際，D看護師はE看護師に対し「BさんとAさんです」と患者両名の姓を同時に告げ，まず患者BをE看護師に引き渡そうとしました。E看護師は患者Bの引渡しを受けるにあたり，目前の患者がBなのかAなのか区別できなかったのですが，後輩看護師が近くに来ていた手前，術前訪問をしていたのに患者の特定ができないことを恥ずかしく思いました。そのため，E看護師は先に引き渡される患者の名前を確認するつもりで「Bさん…。」と質問なのか確認なのかが判然としないような言い方でD看護師に声をかけました。「Bさん…。」と聞き取ったD看護師は，E看護師が先に引き渡される患者がBだということを理解していて，つぎに引き渡す患者の名前を聞いたものと解釈し「Aさんです」と答えました。このためE看護師は不安を抱いたものの，もし間違っていれば誰か気づいてくれるだろうという安易な考えも加わり，先に引き渡される患者がAであると思い込みました。E看護師は患者Bを受け取ると，患者Aの手術室介助担当看護師に実際には患者Bであるにもかかわらず患者Aとして引き渡してしまいました。

最初は,患者を手術室に受け渡すときに起きた単純な患者の取り違えでしたが，その後も取り違えられたままカルテの引き渡しが行われました。麻酔科医Fも，事前の所見との違いに気づき患者の確認で問合せを行ったにもかかわらず回答がなかったこと，手術の執刀医も事前の所見との違いに気づいたにもかかわらず，所見の違いが麻酔の影響であると合理化してしまったことなど，本来であれば明示的になされるべきであった二重，三重のチェックが行われなかったことで，死亡事故という最悪の事態に至りました。この事故の途中で発生した一つ一つの思い込みや確認ミスは，われわれの日常生活の中でも起こり得ることですが，それら簡単な確認を怠ると場合によっては最終的に深刻な事態に陥る可能性があることをこの事故から読み取る必要があります。

6.1.2　ジェイコム株大量誤発注事故（事件）

(1)　事故の概要：

2005年12月8日，東証マザーズに新規上場したジェイコム（現 ジェイコムホールディングス）の株式において，みずほ証券（旧法人）が誤注文し株式市場が混乱した事故です。この日東証マザーズ市場に新規上場された総合人材サービス会社ジェイコムの株式（発行済み株式数 14 500 株）において，みずほ証券の男性担当者が「61 万円 1 株売り」とすべき注文を「1 円 61 万株売り」と誤ってコンピュータに入力しました。システム画面に警告が表示されましたが，担当者がこの警告を無視して注文を執行してしまいました。61 万株という桁違いの売り注文を浴びたジェイコム株は急落し，ストップ安（株価の制限値幅の下限）まで株価が下落してしまいました。この誤発注では約 407 億円の損失が発生しました（**図 6.2**）。

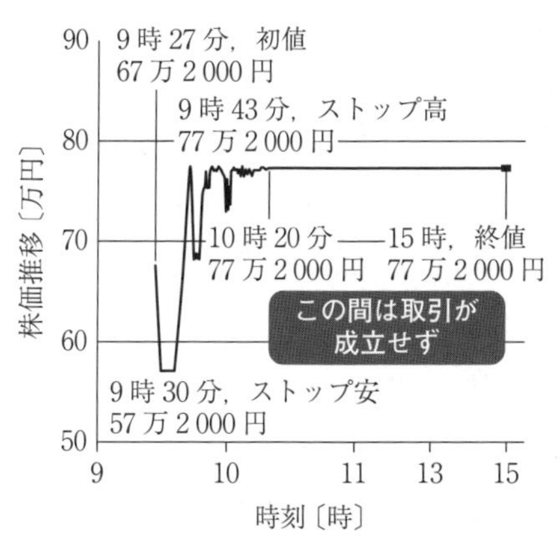

（a） ジェイコム株大量誤発注の当日の値動き（idea による）

（b）

図（a）の出典：Wikipedia（ウィキペディア）
https://ja.wikipedia.org/wiki/ジェイコム株大量誤発注事件#/media/ファイル:Jcom1208.jpg

図 6.2 ジェイコム株大量誤発注事件

(2) **事故の原因**：

直接の原因は，みずほ証券金融法人部の担当者が，中小企業からの注文を受けて「1 株で 61 万円の売り」とするところを「1 円で 61 万株の売り」と間違った入力を行い，そのまま注文を実行したことです。しかし，担当者が入力ミスを犯したとき，情報システムのディスプレーには警告が表示されたにもかかわらず，担当者はこの警告画面を無視してしまいました。通常，証券会社の株式売買システムは，実勢価格から大幅にかけ離れた価格での注文や発行済み株式数を上回るような注文に対して自動的にストップがかかるようになっています。システム画面には，注文内容が異常であるとする警告が表示されましたがみずほ証券の担当者はこれを無視して注文を執行しました。後の調査において担当者は，「警告はたまに表示されるため，つい無視してしまった」ということでした。この誤発注を実行した直後（1分25秒後）に，担当者は自分の誤りに気づき取消し注文のオペレーションを行いました。しかし，東京証券取引所のシステムのバグによって，この取消し注文は受け付けられなかったようです。みずほ証券の担当者は取消し注文を3回行いましたが，システムはこの処理を受け付けませんでした。「1円で61万株売り」を実行したとき，システムのプログラムはこの入力を「有効な価額の下限で61万株売り」と読み替える「みなし処理」を実行（システム仕様）しました。この「みなし処理」中は取消しができないこともプログラムの仕様でした。

困ったみずほ証券側は，東京証券取引所に電話をかけ，東証の権限で注文の取消しを行うよう依頼しましたが，東証側はあくまでもみずほ証券側から手続き（コンピュータで）をとるように要求し，取り合ってもらえませんでした。東証のマーケットセンターの責任者には売買を停止する権限があります。しかし，異常事態が発生していることを把握しながらも，即座に売買停止を決断できませんでした。莫大な損失を伴う重大な責任が絡む処理であっただけに，即座の判断ができなかったのかもしれません。この事故は，最初は些細な入力ミスで始まりましたが，そこから，担当者による警告の無視，異常入力（あり得ない売り注文）を受け付けるシステム仕様，取消し処理を受け付けないシステムバグ，売買停止の権限行使不履行，というように，めったに起こらない事象が連鎖した結果であることがわかります。

6.1.3 トランスアジア航空 235 便墜落事故

(1) **事故の概要**：

2015 年 2 月 4 日 10 時 56 分（台湾標準時），台湾北部の台北松山空港を出発し金門島の金門空港へ向かっていたトランスアジア航空（復興航空）235 便（GE235 便）のエンジンが離陸直後に故障し，台北市南港区と新北市汐止区の境界にある基隆河に墜落しました。235 便には乗客 53 名，乗員 5 名が搭乗していましたが，43 名が死亡し 15 名が重軽傷を負いました。また，高速道路を走行中のタクシー 1 台が事故機の左翼と接触して大破し，乗車していた 2 名が軽傷を負いました（**図 6.3**）。

出典：Wikipedia（ウィキペディア）
https://commons.wikimedia.org/wiki/File:Rescue_Team_Searching_Crashed_ B-22816_in_Keelung_River_20150204i.jpg

図 6.3　トランスアジア航空 235 便墜落現場

(2) **事故の原因**：

235 便では，離陸直後の 10 時 52 分 38 秒に第 2 エンジンのフレームアウト（タービンエンジン内での燃焼が止まること）が画面に表示され，同時に警報装置が鳴り響きました。ところが，フライトレコーダの記録を見ると，警報の直後には第 1 エンジンのスロットルがアイドリング位置まで引かれ第 1 エンジンが停止してしまいます。両方のエンジンが止まった機体では 10 時 53 分 9 秒～25 秒までの間，失速警告音が鳴り響きました。10

時53分34秒に機長は無線を通じて緊急事態を宣言し「エンジンがフレームアウト状態だ」と告げました。その後10時54分20秒に第1エンジンを再起動したものの，10時54分34秒に再度警告音が鳴り，その後この飛行機は川に墜落してフライトレコーダとボイスレコーダの記録が停止しました。事故直後，エンジン停止から川への墜落まで，機長は機体制御が困難となった飛行機が都市部に墜落するのを避けようと川沿いを飛行して水面に不時着することを試みた，とこの機長を「英雄」と讃える多くの報道がなされました。

ところが，その後の事故調査によれば，この機体の墜落の原因は，離陸直後に第2エンジンに故障が発生した際に，異常発生時の緊急手順を怠り必要な是正措置を実施しなかったこと，さらに故障が発生した第2エンジンではなく正常に動作していた第1エンジンを停止させたことで，エンジンの再始動が行えなかったことが原因でした。この235便では，当該の機長が前回のフライト終了時にエンジン異常を報告したにもかかわらず，整備士が運行遅延による罰金を恐れて整備点検を後回しにしたため，点検修理をせずに飛び立ったという問題も露見しました。また，235便の機体は2014年に納入された新しい機体でしたが，左エンジン（第1エンジン）の不調で2度も交換しています。この事故について，台湾の専門家は，「なぜ正規手順ではなく正常な第1エンジンの停止操作を行ったのか」，「エンジンを再起動するまでにかかる時間が長い」などの疑問を投げかけました。この事故の最大の謎である最初の疑問「機長が正常なエンジンを停止した」原因には，前述のような背景の下，機長の思い込みによって判断ミスが起こった可能性がありました。この事故でも，思い込みや確認不履行が最終的に重大な結果を招いています。

★このキーワードで検索してみよう！

トランスアジア航空機事故

「トランスアジア航空機事故」で画像検索すると，事故当日の様子を捉えたドライブレコーダ画像や映像がヒットします。

6.1.4 名古屋空港中華航空 140 便墜落事故

(1) **事故の概要**：

1994 年 4 月 26 日午後 8 時 16 分ごろ，中正国際空港（現 台湾桃園国際空港）発，名古屋空港行きの中華航空 140 便（エアバス A300-600R）が名古屋空港への着陸進入中に墜落，機体は大破炎上して乗員乗客 271 人中 264 人が死亡しました（**図 6.4**）。

出典：航空事故調査委員会
https://aviation-safety.net/database/record.php?id=19940426-0

図 6.4　中華航空 140 便の残骸（名古屋空港）

(2) **事故の原因**：

着陸滑走路への進入は副操縦士による手動操縦で行われていました。午後 8 時 13 分ごろまでは正常にアプローチしていた 140 便でしたが，副操縦士がなにを誤ったかゴーレバー（着陸をやり直すための再上昇を機体に指示するレバー）を作動させてしまい，機体のコンピュータが自動操縦の着陸復航モードに移行してしまいました。コンピュータは機体を再上昇させるため，自動的に推力を増して水平安定板を機首上げ位置に動かしましたが，その一方で，機体を制御していた副操縦士側では，着陸を続行するために機体を降下させるべく，機首下げ方向に水平尾翼を手動で動かすという対応をとりました。2 種類の相反する制御が拮抗したため，操縦士の意思に反して機体は降下せずに水平飛行を開始しました。機体が着陸復航モードに入っていることに気づいた機長は，副操縦士に着陸復航モードを解除するよう指示，それを受けて副操縦士は機体を着陸経路に戻すつもりでさらに操縦桿を強く押しました。しかしこの操作では着陸復航モードは解除されず，コンピュータはさらに機首上げ方向に水平安定板を限度位置まで移動，一方の副操縦士は手動操縦で機首下げ方向に昇降舵を限度まで移動するという事態になり，その結果この機体の水平尾翼は通常ではありえない「への字」型に曲がったまま飛行し機体は制御を失っていきます。操縦は機長に代わり，機長は着陸を試みますが状況の打開ができなかったため，着陸をあきらめて着陸復航を決断します。エンジン推力を上げ昇降舵を機首上げ方向に操作しました。ところが，このとき機長は気づいていませんが，その時点ではすでにコンピュータが機首上げ限度まで水平安定板を動かしていたため，機体は急上昇の状態に陥って失速，機首を上方に向けたまま尾翼から地面に落ちていってしまいました。この事故は，最初のきっかけは副操縦士によるゴーレバーの誤操作でしたが，その後の対処で着陸復航モードが解除できていれば，そもそも事故には至らなかった事例です。緊急事態が発生した場合，二人のパイロットはオーバーライド操作（パイロットが自動操縦とは異なる制御を行う）を行えば自動操縦は切れると思っていたようですが，残念ながらエアバス A300 の仕様はそうではありませんでした。緊急事態の際，エアバス社の設計思想は人間よりもコンピュータの判断を優先させるものでした。しかし，エアバス社はこれらの事故を契機に，自動操縦によるゴーアラウンドモード時に手動操作が行われた場合は，自動操縦が切れて手動が優先されるよう，同型機のコンピュータソフトを改修することを各航空会社に推奨しました。

6.2　ヒューマンエラーとは？

ヒューマンエラーを日本語に直訳すれば「人間の誤り」といえます。つまり，よくいわれる「人為的なミス」のことです。達成目的から逸脱した結果に至ってしまった行為を指し，意図しなかった結果を招いた行為を指します。

6.2.1 ヒューマンエラーの定義

ヒューマンエラーの定義はいくつか提案されています。例えば，J. リーズン（James Reason）は「計画された知的または物理的な活動過程で，意図した結果が得られなかったときで，これらの失敗が他のでき事によるものでないときの，すべての場合を包含する本質的な項目として，エラーを考える」と述べています。JIS Z 8115:2000では「意図しない結果を生じる人間の行為」と定義されています。つまり，設備・機械の操作や乗り物の操縦において，不本意な結果（事故や災害など）を生み出した行為や，不本意な結果を防ぐことに失敗すること，がヒューマンエラーです。

6.2.2 ハインリッヒの法則

ハインリッヒの法則とは，労働災害の分野でよく知られる経験則で「一つの重大な事故（major injury）の背後には29の軽微な事故（minor injuries）があり，さらにその背景には300の異常（near misses）が存在する。」というものです。ハインリッヒの法則は，アメリカのハーバート・ウィリアム・ハインリッヒ（Herbert William Heinrich）が1929年に出版した論文で主張した事故分析に基づく経験則であり，現在も多く引用されています。ハインリッヒは，保険会社の技術調査部の副部長を務めていたときに5 000件以上に及ぶ労働災害の事例を調査し，1件の重大な事故の背後には29件の軽微な事故が起きており，さらにそれら29件の軽微な事故の背景には，一つ間違えば事故になるような異常な事態が300件存在するという規則性を発見しました。このハインリッヒの法則は，日本国内の労務管理分野では「ヒヤリハットの法則」という別名でも呼ばれており，労働現場で発生する大事故の背後には29件の「ヒヤリとする軽微な事故」があり，さらにその背景には300件の「ハットするような異常」があることを意味しています。ハインリッヒが発見した「1：29：300」という確率は，その後の労働災害防止の指標として広く知られるようになりました（**図6.5**）。

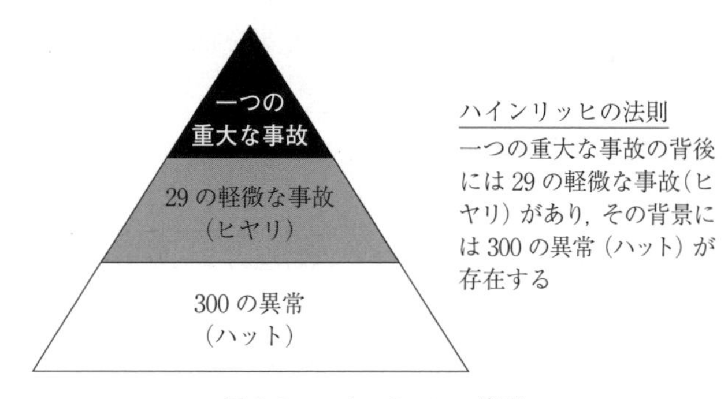

図 6.5　ハインリッヒの法則

ハインリッヒの法則が示す教訓は，大事故を未然に防ぐためにはヒヤリハットや軽微な事故といった連鎖の存在を予測し，断ち切る必要があるということです。そのためには，日常から小さなミスや不注意，間違いを見逃さず，ヒヤリハットの段階で対策を講じることが重要です。ヒヤリハットの情報を早い段階で収集するためには，エラーの発生を「悪」と断定せずに，エラーの報告がしやすい環境を整備することが必要です。製造業や建設，運輸，医療など，ヒューマンエラーが人命に関わるような大事故につながる現場ではハインリッヒの法則の重要性が理解されており，「ヒヤリハット報告会」などを実施している事例が少なくありません。さらに，ハインリッヒの法則を顧客のクレームに当てはめて考えれば，商品やサービスに関する重大なトラブルが 1 件発生すれば，その背景には 29 件の軽微なトラブルが存在し，軽微なトラブルの背後には 300 件の不満が存在するとも考えられます。製品やサービスのマーケティングで最も避けたい商品への不満をいってこないまま顧客から外れていくサイレントクレーマーを早くキャッチするためにも，ハインリッヒの法則を理解して，その概念をさまざまな場面で応用することは実り多いことといえるでしょう。

6.3　J. リーズンによるヒューマンエラーの分類

J. リーズン（James Reason）は，ヒューマンエラーを，① **スリップ**（slip），② **ラプス**（lapse），③ **ミステイク**（mistake），の 3 種類に分類しました。

① **スリップ**：　意図は正しいのですが，行為が意図どおりに行われなかったために発生したエラーです。例えば，ボタンの押し間違いなど動作の実行段階で起こるエラーです。

② **ラプス**：　行為を実行している途中で意図を忘れてしまうエラーです。例えば，仕事をし忘れた，失念など，いったん記憶した情報を取り出せなかったために起こるエラーです。

③ **ミステイク**：　行為の意図そのものが間違っているために発生するエラーです。例えば，誤った思い込みで実行計画を間違えてしまい，行為が遂行できなかったなど，勘違い，誤判断などが原因となっている認知的エラーです。

6.4　D. ノーマンの ATS モデルによるスリップエラーの分類

ハインリッヒの法則は，ヒューマンエラーの発生確率に関して重要な知見を提供してくれます。しかしながら，ハインリッヒの知見は，ヒューマンエラーがどのようなメカニズムで発生するのか，ヒューマンエラーをもたらす人間の性質はなんなのか，どのような観点からアプローチすればヒューマンエラーの発生を抑えることができるのか，などについてはなにも知見を与えてくれません。ヒューマンエラー発生のメカニズムに関しては，人間の認知機能の考察からアプローチする必要があります。

認知心理学者の D. ノーマンは，ヒューマンエラーが発生する際の人間の認知プロセスについて考察を行い，さまざまなヒューマンエラーを認知的側面から分類するモデルを提案しました。ノーマンは，ヒューマンエラーをスリップとミステイクの 2 種類に分類しました。意図した結果が得られないヒューマンエラーが発生するのは，当初の計画自体が不完全であったためか，計画は正しくてもその計画を実行できなかったためかのどちらかです。ノーマンは，目標設定に誤りがあるなど計画自体に不備がある場合のヒューマンエラーをミステイク，目標設定は正しくてもその達成段階で発生するヒューマンエラーをス

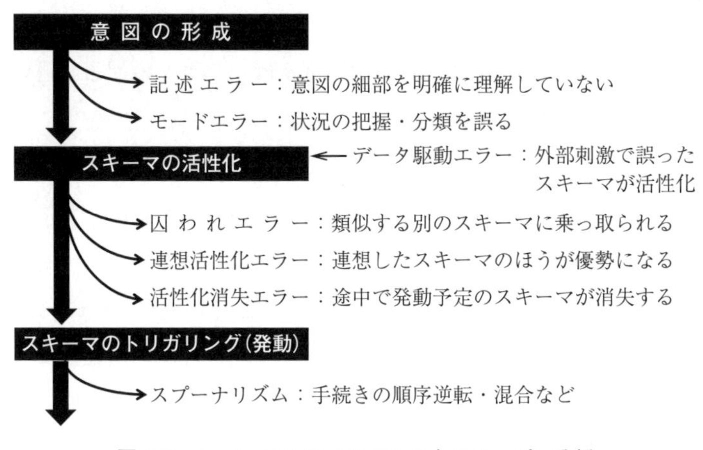

図 6.6　D. ノーマンの ATS モデルとスリップの分類

リップと定義しました。ノーマンは，このスリップの発生メカニズムについて考察を行い，**ATS**（activation-trigger-schema）**モデル**を提案しました（**図 6.6**）。

人間がなんらかの行為を実行する場合には，まず行為の意図（やるべきこと）を形成します。つぎにその意図を実行に移すための手順に関する知識（スキーマ）を活性化します。そして活性化したスキーマを発動（トリガリング）することで一つの行為が遂行されます。これら三つの段階が円滑に進展すれば問題なく意図が達成されますが，ヒューマンエラーが発生する場合には，認知処理の各段階に応じて特徴的なエラーが見られます。

6.4.1　意図の形成段階で生じるスリップエラー

意図の形成段階で生じるエラーは，(1) 意図の詳細が不完全である「**記述エラー**」，および (2) 意図が状況に適合しない「**モードエラー**」，です。

(1)　**記述エラー**（description errors）：

意図を形成するのに必要な情報が不十分であったり，意図が適切であったりしてもそれを実行する行為が詳細に指定されていないため，意図の形成が不完全な場合に発生するスリップです。なにをするのか，はっきりと確定されないまま行為が実行されるので，いわゆる「ぼんやりしていた」

と思われるエラーが起こります。

例） 新しく買ったペンを袋から出し，ペンのほうをゴミ箱に捨てた。

例） 駅の改札口で，定期券ではなく図書館の入館カードをタッチした。

例） 朝のゴミ出しで，ゴミを捨てずに通勤カバンを捨てた。

(2) **モードエラー**（mode errors）：

システムがいくつかの異なるモードをもっており，あるモードで適切な行為でも他のモードでは違う意味をもつような場合にモードを誤ってしまうスリップです。現在どのモードにあるのか可視化が十分でない場合，モードエラーは頻繁に起こります。

例）文章中に新たな文を加えるつもりでタイプしたら，上書きされて前の文が消えた（上書き/挿入モード）。

例）マニュアル操縦モードで飛行していると思い，着陸させるために操縦桿を押しつづけた（自動操縦モードだった）。

6.4.2 スキーマの活性化段階で生じるスリップエラー

スキーマの活性化段階で生じるスリップエラーには，(3) 活性化すべきスキーマが類似する別のスキーマに乗っ取られてしまう「**囚われエラー**」，(4) 頭の中でたまたま連想したスキーマのほうが優勢になってしまう「**連想活性化エラー**」，(5) 途中で発動予定のスキーマが消失してしまう「**活性化消失エラー**」，があります。また (6) 外部刺激をきっかけとして意図しないスキーマが発動する「**データ駆動型エラー**」，もあります。

(3) **囚われエラー**（capture errors）：

頻繁に遂行される活動が，意図していた行為を突如乗っ取ってしまうスリップ，つまり，よく慣れた行為系列によって，現在の行為系列が乗っ取られるというスリップです。もともと二つの行為系列があり，一方にはよく習熟しているがもう一方にはあまり慣れていない場合で，かつ，その初期段階手続きが類似する場合にこのスリップがよく発生します。気が付くと，当初目的とは異なる他の行為をしているというスリップです。

例）車で出かけ，目的地に行くには右折レーンに入るべきなのに通勤経路で毎日使っている左折レーンのほうに入ってしまった。

例）バスに乗って運転士に停留所の確認をしてから乗り込むはずが，先にカードタッチしてしまった。

(4) **連想活性化エラー**（associative activation errors）：

外部の刺激が行為に影響するわけではなく，頭の中の考えや連想が誤った行為を引き起こすエラーです。

例）オフィスの電話が鳴ったので，受話器を取り上げてそれに向かって，「どうぞお入りください」といってしまった。

例）「お」を速くたくさん書くと，ときどき「あ」や「の」を書いてしまう。

(5) **活性化消失エラー**（loss-of-activation errors）：

動作途中でやろうと思っていたスキーマが消失し，やるべきことを途中で忘れてしまうスリップです。活性化消失エラーには，行為の途中で手続きを忘れる，手順が逆転する，手順をスキップする，同じ行為を繰り返す，などがあります。

例）冷蔵庫を開けたが，一体，なにを取り出そうと思っていたのかわからなくなった。

例）キッチンで仕事を始める前に寝室に行く用事があったので歩き出したが，ふと，一体なぜ寝室に向かっているんだろうと思った。

例）電源を入れる前に機器のボタンを押した。

例）鍵をかけたのにもう一度戸締りした。

(6) **データ駆動型エラー**（data-driven errors）：

データ駆動型エラーは，感覚情報が現在実行中の行為系列に割り込んでしまい，その結果，意図していなかった行動を引き起こすスリップです。

例）“押す”と書いてあるボタンを見ているうちに押してしまった。

例）部屋番号を見ながら秘書に電話をしようとしたら，部屋番号をダイアルしてしまった。

6.4.3 スキーマのトリガリング段階で生じるスリップエラー

「トリガ」は引き金を意味しますが，トリガリング段階のスリップとは，発動したスキーマは適切であっても最終的に行為を実行する段階でスキーマが乱れるようなスリップです。

(7) **スプーナリズム**（spoonerism）：

二つ以上の単語の頭音が交じり合って発音してしまうようなスリップです。これは，もともとイギリスの牧師（名前がSpooner）がこのスリップを起こしたのが命名の起源といわれています。トリガリング段階で起こるスリップには，発話の頭音がひっくり返る，他と混合してしまう，やるつもりではなかったが考えた瞬間実行してしまう，などがあります。

例）「たかしまや」を「たかましや」と発話する。

例）「いいでしょう」と「いいだろう」が混合して「いいだしょう」。

例）漢字を思い出していたら指で書いていた。

6.5 非 注 意 性 盲 目

見えているのに見えていない**非注意性盲目**（inattentional blindness）という現象があります。1999年にハーバード大学のダニエル・シモンズ（Daniel Simons）とクリストファー・チャブリス（Christopher Chabris）が行った「見えないゴリラの実験」が有名です。この実験では，被験者は白いシャツを着た人と黒いシャツを着た人がバスケットボールをパスする短い刺激映像を見せられ，白いシャツを着た人のパスの回数を数えるよう教示されました。

実験終了後の質問の中に「なにか選手以外に目についたものはありますか？」という項目がありました。実は，被験者が見せられた刺激映像の中には，ボールをパスする人の他に黒いゴリラの着ぐるみを着た人がパスの現

★このキーワードで検索してみよう！

見えないゴリラ実験

「見えないゴリラ実験」で映像検索すると，非注意性盲目実験の映像がヒットします。

場を悠然と通過する場面（画面右側から登場し画面中央に来て胸を叩いたあと左側に去っていく）が映っていました。ところが，被験者の約半数が黒いゴリラの存在に気づいていなかったことがわかりました。この結果について，ダニエル・シモンズは「われわれは見えると予想しているものを見ている」と述べ，特定の物事に注意を向ければ向けるほど，視界に入っている他のものに注意を払えなくなると指摘しています。非注意性盲目は，車の運転中に携帯電話で話をする場合にも起こり，路上に存在する情報の見落しが発生することが実験的に検証されています。

このように非注意性盲目とは，視野に入っているにもかかわらず，注意が向けられていないために情報を見落としてしまうことです。特定の事象に集中するなど注意を向ける度合いが高い場合，予測していない事象や情報は見落とされてしまう可能性があるのです。

6.6 安全のための設計原則

もともと人間の認知リソース（情報処理に割ける資源）は有限です。われわれが，さまざまな知覚情報を取捨選択しながらそれらを総合して認知的な判断を行い，その結果に基づいて行為系列を実行していくような状況では，すべての情報を処理しながら行動することはできません。人間が円滑に行動していくためには，行為を自動化したり行為の定型パターンであるスキーマを用いて一連の行為を実行したりすることで，行動の際の認知的リソースを節約する必要があるのです。したがって熟練者になって定型的な行為が自動化されると，行為の効率が上がるだけでなく，節約した認知的リソースをより高度な認知過程に割り当てることができるようになります。その一方，スキーマによる自動処理が進行している中で異常事態（スキーマにない事態）が発生した場合，その変化に気づきにくくなるというデメリットもあります。また，熟練者と初心者では，陥るヒューマンエラーの質や段階が異なることも理解しておくべきでしょう。

ここまでさまざまな事例を用いて説明したように，ヒューマンエラーはどのような状況でも発生し，それは機器やサービスの安全性を脅かす存在になり得ます。重大な事故を防止し，製品やサービスの安全を確保するためには，製品やサービスの設計・開発から廃棄に至るプロセス全般を通じて安全性を確保するとともに，残留するリスクを許容可能なレベルまで低減することが重要です。また，もし製品に不具合が発生した場合には，迅速かつ適切な対応が可能な体制を確保することが，生産者の役割として期待されています。

国際標準「安全設計の基本概念―ISO/IEC Guide51（JIS Z 8051）」では，安全のための設計原則6項目が規定されています。

(1) 危険の除去：

［定義］製品やシステムから危険な部分を取り去ること。

(2) **フールプルーフ設計**：

［定義］操作ミスをしても，人間が危険な状況に陥らないデザイン。

(3) **タンパープルーフ設計**：

［定義］安全装置を取り外したりするなどの，いたずらに対する防止設計。

(4) 保護装置（危険隔離）：

［定義］人間と危険を隔離すること。

(5) インターロック機能を考えた設計：

［定義］操作がある一連の手順に従ってないと実行できない設計。

(6) 警告表示：

［定義］製品に潜む危険についてユーザに警告を表示すること。

6.7 ヒューマンエラーにどう対処すべきか？

人間がさまざまに行動していく中では，なんらかのヒューマンエラーが発生することは避けられません。ともすると，ヒューマンエラーをなくすという発想に至りがちですが，ヒューマンエラーの発生をゼロにすることはほぼ不可能です。むしろ，ヒューマンエラーは必ず発生するという前提で，まずはヒューマンエラーが起こる確率を最小限に抑える対策を施した上で，それでも発生するエラーによるリスクを適切に管理し，リスク低減プロセスを反復的に実行していくことが重要です。

ヒューマンエラーが起こる確率を最小にするためには，そもそもエラーが起こらないような設計にする他，誤った操作を許容しないフールプルーフ設計にすることが有効です。またエラーが発生したときの影響を小さくするためには，エラーの影響によって人間に危害が及ぶことを回避するフェイルセーフ設計を導入することが有効です。さらに，エラーが起きた後に元の状態に復帰できるUnDoなどの機能を導入すれば，システムの安全性がいっそう高まります（**図6.7**）。

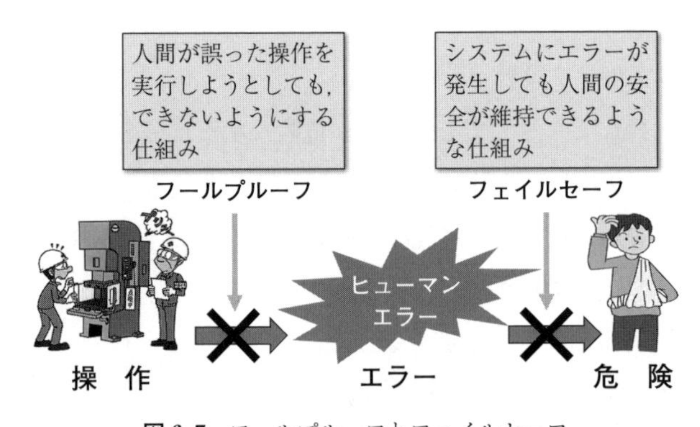

図6.7　フールプルーフとフェイルセーフ

フールプルーフ（fool proof）とは，たとえ人間による操作でミスが発生したとしても，誤った操作を実行できないようにする仕組みです。例えば，「ドアが開いた状態では加熱できない電子レンジ」や「ブレーキを踏んでいないとエンジンがかからない車」，「正しい向きにしか入らないコネクタ」といった設計です。

一方，**フェイルセーフ**（fail safe）とは，ヒューマンエラーや他の原因によってシステムに故障やエラーが発生した場合でも，人間の安全が維持できるような設計です。例えば，「誤ってもの（手など）を挟んだら停止する自動ドア」，「停電したら自家発電に切り替わる医療設備」，「温度の異常上昇（空焚き（からだき）など）

で停止するコンロ」といった設計です。

国際標準 EN ISO 12100:2010「機械類の安全性 —設計のための一般原則—リスクアセスメントおよびリスク低減のための方法論」では，システム設計者が講じるべきリスク低減策として「3 ステップメソッド」が規定されています。これは設計者によって講じられるべきリスク低減方策であり，ステップ 1) 本質的安全設計とする，ステップ 2) 安全防護及び追加保護方策をとる，ステップ 3) 使用上の情報をユーザに提供する，という三つのステップで構成されています（**図 6.8**）。

設計の段階でとられるリスク低減の方策

ステップ 1)　本質的安全設計とする
例⇒設計上の配慮・工夫により危険源をなくす
例⇒危険源に起因するリスクを低減する
例⇒ユーザが危険源と接する必然性をなくす

ステップ 2)　安全防護及び追加保護対策をとる
例⇒安全防護を設置する
例⇒インターロック装置による保護方策をとる
例⇒非常停止機能（非常停止装置）を設置する

ステップ 3)　使用上の情報を提供する
例⇒標識・警告表示を機器や梱包に表示する
例⇒取扱い説明書・作業手順書を整備する
例⇒教育・訓練プログラムを用意し情報提供する

出典：EN ISO 12100:2010「機械類の安全性 —設計のための一般原則—リスクアセスメントおよびリスク低減のための方法論」

図 6.8　リスク低減のための 3 ステップメソッド（EN ISO 12100:2010）

7 入力機器と出力機器のインタフェース

この章では，入力機器と出力機器のインタフェースについて解説を行います。また，コンピュータとの対話で用いられるさまざまなインタラクションの形態について述べます。視覚や聴覚の特性を生かしたインタラクション，アナログ表示とディジタル表示の特徴についても解説します。

7章のキーワード：

HCI（ヒューマンコンピュータインタラクション），インタフェース，表計算ソフト，直接操作形式，GUIとCUI，メニュー選択形式，空欄記述形式，コマンド対話形式，ディジタル表示とアナログ表示，聴覚的表示，状態表示，操作具，コーディング，シェイプコーディング，カラーコーディング，サイズコーディング，ロケーションコーディング，フィッツの法則

7.1　コンピュータシステムの入出力

7.1.1　コンピュータの入出力機器

パーソナルコンピュータ（PC）の入出力は，**HCI（ヒューマンコンピュータインタラクション）**の多くの要素を一つのシステムとして備えています。デスクトップPCであれば，PC本体にはキーボード，マウス，Webカメラなどの入力機器，ディスプレー，プリンタ，スピーカーなどの出力機器が接続されています（**図7.1**）。

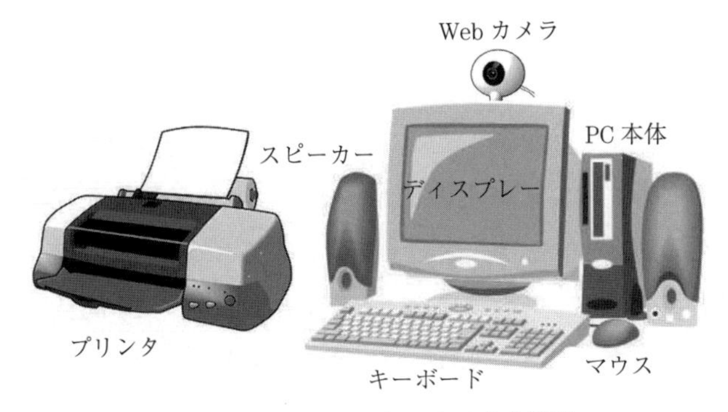

図 7.1　デスクトップ PC と入出力機器

ディジタル情報を処理しているのは PC 本体ですが，人間から見ると本体は存在するだけであって人間との関わりは感じられず，むしろ人間と密接に情報のやり取りを行うのは入力機器と出力機器です。人間とコンピュータとのインタラクション（情報のやり取り）を考えた場合，その接点，すなわち**インタフェース**となるのが入力機器と出力機器です。一方，入力機器と出力機器をどのように制御するのかを決めるはコンピュータ本体です。

7.1.2　インタラクション設計の難しさ

つまり，人間とコンピュータとのインタラクションを設計する場合，入出力機器のハードウェア仕様を前提としてそれらを制御するソフトウェアを考えなければなりません。出力機器であれば，ディスプレー装置のハードウェアスペックとして解像度や輝度，発色の設計などがあり，ソフトウェアスペックとしてウインドウシステムの設計，各種アプリケーションソフトの設計，表示するコンテンツの設計などが必要です。ディスプレー以外にも，プリンタの出力設計，音響デバイスの出力設計，あるいは触覚系デバイスの出力設計などが必要です。入力機器であれば，キーボード装置（例えば，QWERTY キーボード，人間工学キーボード，特殊用途キーボードなど）のキー配列やその制御，ポインティングデバイス（例えば，マウス，トラックボールなど），ペンタブレットなどがあります。さらに，Web カメラやマイク，電子楽器などもコンピュータへの情報入力機器として制御する必要があります。

コンピュータシステムとのインタラクションにおいては，実際に機器を使ってみれば「使いやすい」とか「使いにくい」とか，インタラクションの良否を実感するのは簡単です。しかしながら，例えば，他者が使用する「使いやすい」アプリケーションソフトを開発することは簡単ではありません。むしろ，大きな困難を伴うといっても過言ではありません。あれこれ考えて，ユーザインタフェースにさまざまな工夫を施しても，利用者からは「使いにくい！」とバッサリ切り捨てられてがっかりすることも多々あります。

なぜ，このような（設計者にとって報われない）事態になってしまうのでしょうか。簡単にいえば，「自分が使えるからといって，他者が使えるとはかぎらない」ということです。人によって生まれ育った環境はさまざまで，いままでの経験や蓄積してきた知識，習慣やものの考え方，価値観などがそれぞれ異なるのです。設計者は，無意識に自分をステレオタイプと見なして他者の行動パターンを判断しがちですが，実際には大きな乖離（かいり）が存在しています。スライドボタンを見たとき，自分は右方向にスライドさせるからといって，他の人も右方向にスライドさせるとはかぎりません。このような設計者とユーザの行動の食違いが度々発生すると，ユーザは「使いにくい」と感じてしまうのです。設計者が「使いやすい」と感じるからといって，ユーザも「使いやすい」とはかぎらないということを理解する必要があります。

7.1.3　インタラクション設計が製品の評価を決める

性能の高い製品やサービスを開発したとしても，ユーザがそれらを使えないのであれば，製品やサービスは存在の意味をもちません。インタラクションは，ユーザと機器との境界（インタフェース）において製品やサービスの機能をユーザに提供し，ユーザに利便性を与えるいわば橋渡し役です。したがって，ユーザと機器とのインタフェースにおいて，ユーザに対していかに容易に利便性を提供するかということが，インタラクションの主要な目標です。

インタラクションの設計の違いによって，機器の使用方法は大きく変わります。インタラクションのでき不できが製品やサービスの価値を決めてしまう場合も少なくありません。例えば，エアコンのリモコンを考えてみましょう。エアコンを開発している各社ともに，リモコンには大きなディスプレーと色とりどりのボタンを設置し，使いやすさに力を入れています。しかし，古いエアコンのリモコンにはディスプレーは設置されておらず，各ボタンも取扱い説明書を見て操作しなければなにが起こるかわからない，といった製品がほとんどでした。リモコンの傍に取扱い説明書を置いておかなければならない，リモコンにメモを貼り付けなければならないなど，家電の操作は困難な時代でした。しかし，現代社会でそのような製品を開発しても誰もその製品を買ってはくれないでしょう。いまは，エアコン本体の基本機能はどのメーカーもほぼ同様で，違いは便利な使い方を提供しているかどうかです。つまり，インタラクションが製品の価値を左右しているのです。

コンピュータのアプリケーションソフトで考えれば，例えば，読者の皆さんの中には表計算ソフトを使っている人も多いと思います。**表計算ソフト**は，もともとは会計処理用のソフトとして1977年にApple社のパーソナルコンピュータApple II用に開発されたVisiCalcが世界初です。VisiCalcを使いたいがために，当時高価だったApple IIを買った人も少なくなかったそうです。現在，表計算ソフトは会計処理のみならず，必要となるさまざまな計算を効率

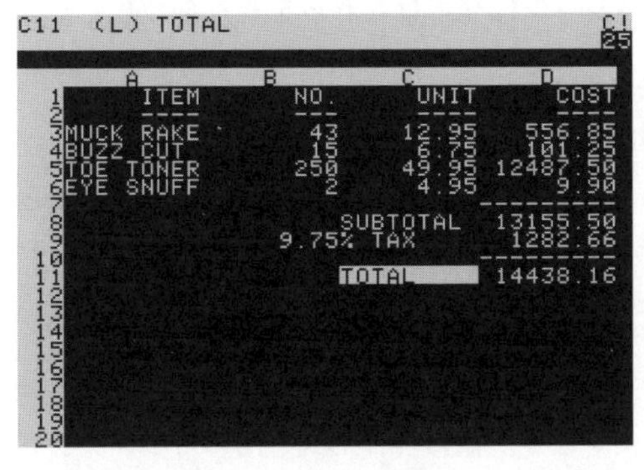

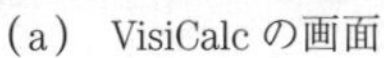
(a) VisiCalcの画面

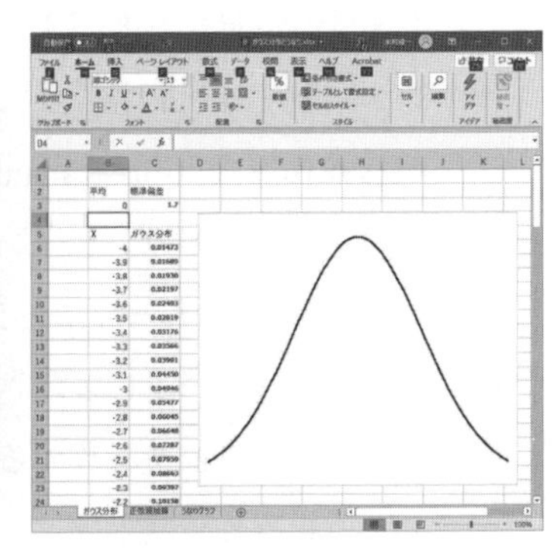
(b) Excelの画面

図7.2 表計算ソフトの画面表示例

的にわかりやすく処理するための欠くべからざる存在として，広く使われています。では表計算ソフトの特長はなにかといえば，「表形式で計算できる」ことにつきまきます。もちろんさまざまな統計処理モジュールやグラフ描画機能も便利なのですが，表形式で計算ができなければその利便性はほぼ消失するでしょう。つまり，「表形式で計算できる」というインタラクションがユーザに価値を提供しているのです（**図 7.2**）。

7.2　インタラクションの形態

機器やサービスの「使いやすさ」を実現するにはどうすればよいでしょうか。端的にいえば，ユーザの行動を予測することができるのであれば，その予測に合わせてインタラクションを設計すればよいことになります。ユーザの行動を予測するためには，多くの人に共通するような普遍性の高い心身特性を理解し，その知見に基づいてインタラクションを設計すること，あるいは人によって特性が異なる部分は調節可能にすること，さらには標準的なインタラクション部品を用いることで操作の学習効率を高めること，などによって使いやすいインタラクションをデザインすることが可能です。

人とコンピュータとのインタラクションでは，基本的な対話形式としてはつぎに示す5種類があり，アプリケーション開発ではこれらを組み合わせてインタラクションを設計します。

(1)　**直接操作形式**（direct manipulation）：

マウスなどのポインティングデバイスを用いてコンピュータへの命令を入力する操作です。特にグラフィカルなユーザインタフェースにおいては，ディスプレー上に表示されているオブジェクト（操作対象）を，マウスなどを用いて直接操作するような感覚でのオペレーションが可能であるため，直接操作形式と呼ばれています。直接操作形式を用いるインタラクションを提供するためには，ボタンやアイコンをマウスなどのポインティングデバイスを用いて操作する **GUI**（graphical user interface）機能が必要です。現在市販されているパーソナルコンピュータで広く採用されているインタラクションです。

(2)　**メニュー選択形式**（menu selection）：

システムが命令の候補を提示し，ユーザは提示された候補群（メニューリスト）から命令を選択するインタラクションです。GUIによるオペレーションの場合，**図7.3**(a)に示すように，ポインティング機能を用いてメニューバーを開くと，実行可能な機能がメニューリストの形で表示されます。ユーザは，この中から項目を選択し，クリックするなどして所定の命令を実行することができます。メニュー選択ではシステムが命令候補を提示するため，ユーザは命令内容を再認（以前に記憶した内容を，提示された情報と照合して特定する想起方法）するだけでよいため，記憶負担が小さいという特徴があります。このため，メニュー選択は初心者，あるいはシステムをたまにしか使わないユーザに適しています。一方，メニュー選択とコマンド入力とを比較すると，メニュー選択はオペレーションに時間を要するため，熟練者には適していません。そのため，プログラマなど熟練者の多くは後述する(4)のコマンド対話形式を用いています。

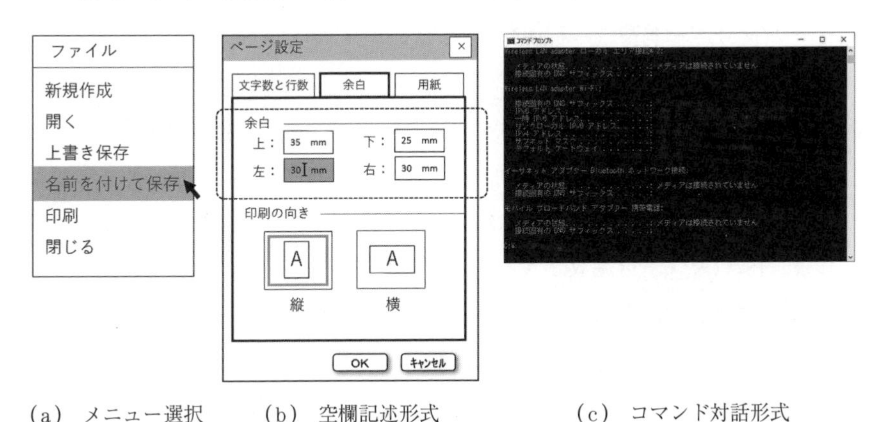

(a)　メニュー選択形式　(b)　空欄記述形式　(c)　コマンド対話形式

図7.3　さまざまな対話形式

(3) **空欄記述形式**（form filling）：

図(b)に示すように，システムが表などの空欄を含む書式を提示し，ユーザはその空欄に数値などを入力することで情報入力を行うインタラクションです。フォーム（書式）に従って整理された形で情報の入出力が行われるため，ユーザから見ると全体と部分との関係を把握しやすいという特徴があります。空欄部分にはデフォルト値（あらかじめ入力されている値）が入っている場合があります。空欄記述形式は，印刷命令におけるパラメータ設定で多く利用されています。

(4) **コマンド対話形式**：

図(c)に示すように，コンピュータへの命令入力を，キーボードを用いてテキスト入力するインタラクションを**CUI**（character user interface）と呼んでいます。このCUIで用いられる入出力形式をこのように呼びます。コマンド対話では，ユーザはコンピュータへの命令をテキストで入力しますが，その際には，まず頭の中でコマンドを再生（以前に記憶した内容を，すべて再現する想起方法）し，（スペルを間違えず）正確にタイピングすることが求められます。このためユーザの記憶負担が大きく，初心者やシステムをめったに使わないユーザにとっては円滑なオペレーションが困難です。しかし，熟練者にとっては非常に効率のよいインタラクションであり，ソフトウェア開発の現場ではこのコマンド対話が多く用いられます。最近のプログラムエディタには，コマンドの記憶再生を支援するオートコンプリート（入力された先頭の数文字からコマンドを推定して自動的にコマンドを完成させる）機能が備えられていることが多いです。

(5) **自然言語対話形式**：

日常生活で使っている言葉（自然言語）をそのままコンピュータに入力するインタラクションです。ここ数年で，音声認識の精度が向上してきたこともあり，スマートフォンやPCでは音声による自然言語入力を受け付け，合成音声で回答するようなインタラクションが装備されています。自然言語対話機能を有するコンピュータは，ユーザの発話意図を完全に受け付けられるわけではありませんが，単語数の少ない簡単なインタラクションであれば円滑に情報入力を行うことができます。

7.3 さまざまな入出力機器とインタフェース

コンピュータと人間の接点は入出力機器です。したがって，コンピュータとのインタラクションを考える上では，それら入出力機器の特徴や長所・短所などを理解し，設計に生かしていく必要があります。

7.3.1 情報の出力機器

情報表示装置は，ユーザに情報を伝えるために使用される機器であり，ディスプレーの他にも例えば電光掲示板や発光ダイオードを用いたインジケータなど，さまざまな機器があります。このような機器を介してシステムの状態を表示したり，警告をランプで表示したりといった用途で使われます。一般に，伝達すべき情報が長く複雑であるなら視覚情報を用いるのが有利です。しかし，視覚情報による情報伝達では，情報源の方向を注視させる必要がある，あるいは遮蔽物の背後からでは情報伝達できないなど，空間的な制約があります。伝達すべき情報が短く簡単なものであるなら聴覚情報を用いるのが有利です。聴覚情報の特徴として，方向の制約がないというメリットがあります。音源が空間のどこにあっても，音を発することによってユーザのアウェアネス（気づき）を獲得することができます。さらに，ユーザと音源との間に遮蔽物があっても音波の回り込みという性質によって情報伝達が可能です。このように，視覚情報と聴覚情報はたがいに相補的な関係にあることがわかります。その他，騒音環境下または静穏が求められる環境では，振動子などを用いる触覚情報による情報伝達が行われています。振動などの触覚情報は，聴覚情報よりもさらに限られた単純な情報伝達しかできないという制約があるため，多くのアプリケーションではアウェアネス確保のための報知で利用されています。機器によってそれぞれ特徴があり，効果的に利用すれば大きなメリットを得ることができます。それぞれの目的や環境に合わせて感覚モダリティ（大雑把にいえば人間の五感）を使い分けることが重要です。

7.3.2　視覚的表示：ディジタル表示とアナログ表示

視覚的に情報を提示する方式として，**ディジタル表示**と**アナログ表示**があります。**図7.4**は車のスピードメータの例ですが，図(a)はアナログ表示で中央の指針が車の速度を連続的な量として表示します。図(b)はディジタル表示で車の速度をディスプレーに1 km/hの分解能で離散的に表示します。図に示すように，ディジタル表示では速度を定量的に表示します。一方，アナログ表示では指針と速度目盛の位置関係によって速度を定性的に読み取ることができ，また指針の位置を正確に読み取れば定量的に読み取ることも可能です。

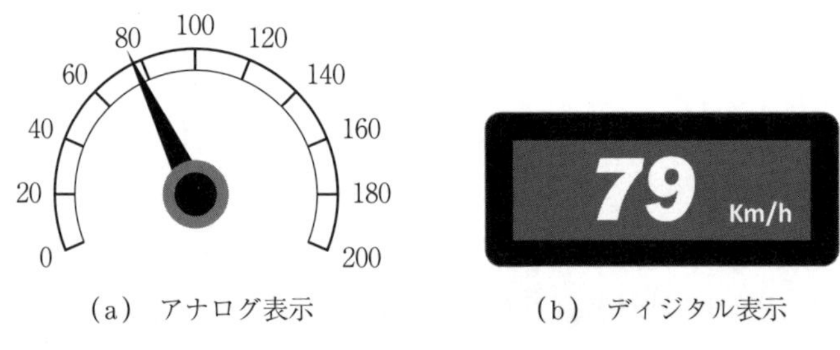

(a)　アナログ表示　　　(b)　ディジタル表示

図7.4　ディジタル表示とアナログ表示（例）

ディジタル表示とアナログ表示は，それぞれ特徴があり，メリットとデメリットを理解した上で各方式を適切に使用することが必要です。ディジタル表示の長所は，対象量を数値で直接表示するため，値を正確に速く読み取ることができることです。また，ディジタル表示は，表示スペースを小さくできるというメリットもあります。一方，ディジタル表示には数値が速く変動する場合，数値が目まぐるしく変わるため表示内容が読み取りにくいという短所があります。また，桁数が多くなると読取りに時間を要する，あるいは読み間違いなどが発生するなど，期待される効果が低下する可能性があります。

アナログ表示には，目盛が固定（固定目盛）されていて針が動く（可動針）

タイプと，針が固定（固定針）されて目盛が動く（可動目盛）タイプがあります。アナログ表示の長所は，数値の変動が速くても値を読みやすいこと，値の傾向や偏差（ある数値に対するずれ）を把握しやすいことなどが挙げられます。しかし，表示されている値を正確に読み取ろうとすると時間がかかるという短所があります。また，アナログ表示は，ディジタル表示器よりもサイズが大きくなるというデメリットもあります。

7.3.3 聴覚的表示

聴覚的表示は，注意を喚起するような情報提示（例えば，警報など）を行う場合に効果が期待できます。聴覚的表示には，例えば，ブザー，ベル，サイレンなどの音信号と，音声による言語的な案内があります。音信号による情報伝達の例として，電子レンジや洗濯機など家電製品の報知音があります。また，音声ガイダンスによる情報伝達の例として，カーナビゲーションのメッセージや炊飯器の操作ガイドなどがあります。聴覚的表示では，伝達する情報を短く簡単にすることが重要です。

7.3.4 状態表示

例えば，壁に設置された天井灯のスイッチの入（ON)/切（OFF）など，状態を伝達するのが**状態表示**です。状態表示の長所は，単純な機構でシンプルな情報提示が可能であることです。一方，短所はランプだけでは状態がわからず，補足表示が必要である点です。例えば，赤いランプが点灯していた場合，それが電源 ON を意味するのか，電源 OFF を意味するのか，ランプの色を見てもわかりません。ランプの色や点灯/点滅など，表示情報がなにを意味するのか，一貫した対応づけが求められます。

7.4 操作具（コントロールズ）とそのデザイン原則

操作具とは，ボタンやレバー，つまみなど，機器を制御するときに用いる器具です。ハードウェアの操作具もあれば，GUI上でソフトウェアとして比喩表現された操作具もあります。ハードウェアの場合には手などで直接操作を行い，ソフトウェアの場合にはマウスなどを用いてボタンを押したり，レバーを上げ下げしたりします。ハードでもソフトでもよく用いられるのは，プッシュボタンです。プッシュボタンは，特定の機能の入（ON）/切（OFF）の切替えを行う場合に使用します。

(1) **操作具のデザイン原則**：

操作具のデザインでは，つぎの原則に留意して設計します。

・操作に対するフィードバック（操作入力後に音が鳴るなど）を必ず与える。

・操作具を操作する方向と対象物の動作方向が一致するよう配慮する。

・操作量と対象物の移動量の比率（control-display ratio，**C/D比**）を調整できるようにする（例えば，マウスの移動量対ポインタの移動量）。

・突発的な誤操作を防止する。

① 操作具は手の動きと並行方向に動くようにする。

② ぶつかっても動かない複雑な操作（回転操作など）を組み込む。

③ 危険な操作では物理的なバリア（凹みやカバー）を設ける。

(2) **手と足の使い分け**：

(a) 手による操作がよい場合：

① 操作の正確さが必要な場合

② 迅速に操作位置を決める必要がある場合

③ 長時間・連続的に中程度（約9kg）以下の力で操作する場合

(b) 足による操作具がよい場合：

① 操作具の作業に長時間の連続性がある場合

② 中程度（約9kg）以上の力を断続的に加える必要がある場合

③ 操作で手が占有されている場合

〔注意〕 足による操作では，操作の方向は下向きとする。

7.5 コーディング

たくさんの操作具を操作しなければならない場合，スリップエラーが起きる可能性があります。そのような場合，例えば類似する操作具の形や大きさをそろえグループ化して配置することで，ボタン類の機能がわかりやすくなり，効率的に操作できることが期待されます。

図7.5は，リクライニングシートを操作するボタンのデザイン例で，座面を前後させたり，背もたれの角度を調節したりするときに用いるボタンです。タイプAはよく見かけるデザイン（例えば，新幹線や旅客機など）で，このコンソールを真横から見ればボタンの背景に「PUSH」という印字とシートの形を抽象化した線が描かれているのが見えます。しかし，座った姿勢でこのコンソールを上から見下ろした場合,白と黒のボタンが並んで見えるだけで「PUSH」の印字などはほぼ見えません。タイプBは，シートの座面と背もたれの形をボタンの形状に反映させ，シェイプコーディングされたボタンです。タイプBでは，座った姿勢で上からボタンを見下ろした場合でも，ボタンが座面や背もたれの形にデザインされているので，ボタンの形によってその機能の違いを理解してもらえることが期待されます。

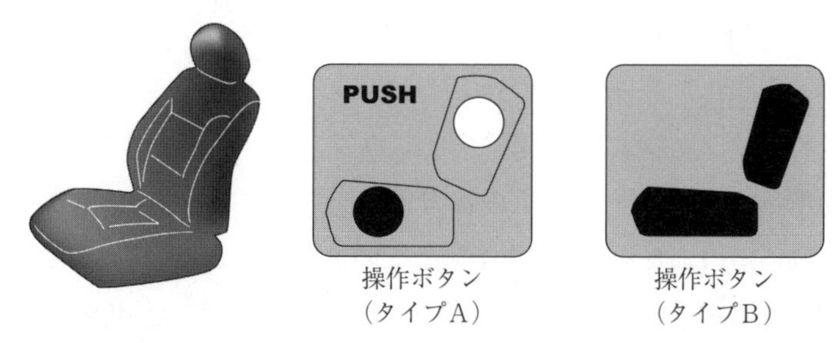

図7.5 リクライニングシートを操作するボタンのデザイン

このようにインタラクション上の工夫を施すことによって，ボタンにラベルを貼らなくてもどのボタンを操作すればどの部分がどう動くのか，ユーザは直感的に理解することができます。このように，ボタンやレバーなど操作具の形状，寸法，色彩，配置などを操作対象の機能と関係づけてデザインすることによって，操作具の機能を容易に識別できるようにすることを**コーディング**(coding)と呼びます。図(b)の例では，シートの形をボタンの形状に反映しているので，これらのボタンは形によって**シェープコーディング**（shape coding）されていることになります。色分けで識別しやすくすることを**カラーコーディング**（color coding）といいます。例えば，スタジオで使用するミキサには機能に応じて大きさがそろえられ**サイズコーディング**（size coding）されたボタンやスライダ，回転つまみなどが多数装備されており，それらは機能ごとにシェープコーディング，カラーコーディングで分類され，グループ化されて**ロケーションコーディング**（location coding）され，配置されています。航空機のコクピットにある多数のスイッチ類も多重にコーディングされており，パイロットにヒューマンエラーが起こらないようさまざまな工夫がなされています。

7.6 フィッツの法則

フィッツの法則（Fitts's law）は，手を動かすような作業で手を移動する距離（例えば，40 cm 先のボタンを触る）とターゲットの大きさ（例えば，ボタンの大きさ）から，作業完了時間（ターゲットまで手を移動する時間）を推定するモデルです。1954 年にオハイオ大学の心理学者ポール・フィッツ（Paul Fitts）が見出し，定式化しました。

図 7.6 にフィッツの法則の概要を示します。フィッツの法則では，ポインタの移動距離 D〔cm〕，ターゲットの幅 W〔cm〕を用いて，ポインタがターゲットまで移動するのに要する時間を予測しています。例えば，移動開始ポイントとターゲットの中心までの距離 D を 40 cm，ターゲットの幅 W を 2 cm，ポインタの移動を開始し停止させるまでの時間 a を 50 ms，ポインタの速度係数 b を 150 とします。

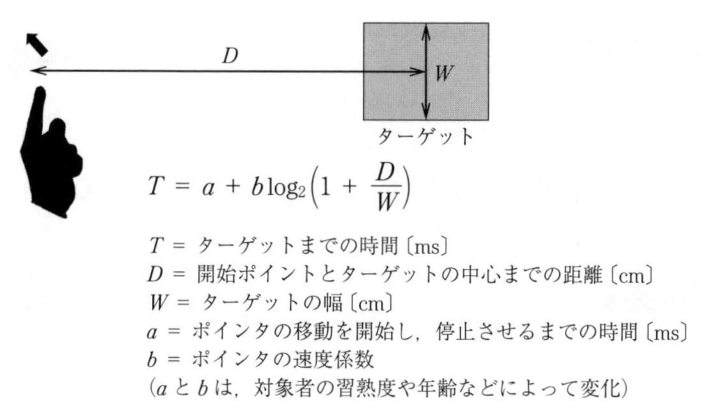

図 7.6 フィッツの法則

フィッツの法則にこれらの値を代入すると

$$T = a + b\log_2\left(1 + \frac{D}{W}\right) \tag{7.1}$$

$$\begin{aligned} T &= 50\,\mathrm{ms} + 150 \times \log_2\left(1 + \frac{40}{2}\right) \\ &= 50\,\mathrm{ms} + 150 \times \log_2(1 + 20) \\ &= 50\,\mathrm{ms} + 150 \times \log_2 21 \end{aligned} \tag{7.2}$$

ここで，対数の底を $\log_2$ から $\log_{10}$ に変換すると

$$\log_2 21 = \frac{\log_{10} 21}{\log_{10} 2} = \frac{1.322}{0.301}$$

$$\therefore \quad T = 50\,\mathrm{ms} + 150 \times \frac{1.322}{0.301} = 708.8\,\mathrm{ms}$$

したがって，ポインタを 40 cm 移動して幅 2 cm のターゲットに命中させる作業では，約 0.7 秒の作業時間を要することがフィッツの法則から予測できます。例えば，ターゲットの幅を 10 cm に拡大して同じ計算を行った場合，$T = 398.3\,\mathrm{ms}$ となりました。つまりターゲットの幅を 5 倍に広げることで，作業時間が約 44 %短縮できることがフィッツの法則から予想できます。

8

インタラクションの設計プロセス

インタラクションの設計で重要なことは，ユーザの心身特性を知り，システムの目的（ゴール）を明確化してユーザ（人間）とシステムへの機能の割り振りを行うことです。その上で，さまざまな設計原則やツールを用いてユーザインタフェースを具体的に設計していきます。この章では，インタラクションの設計プロセスについて述べ，インタラクションの設計原則について触れます。また，インタラクション設計に関わるJIS規格について概説します。

8章のキーワード：

ユーザの心身特性，タスク分析，ユーザ要求，システムゴール，システム利用の状況，機能の割り振り，ペルソナ，ユーザビリティの原則，ユーザインタフェースデザイン，ユニバーサルデザイン，感性デザイン，エコロジーデザイン，ロバストデザイン，ヒューリスティクス，ユーザビリティ評価，ペーパープロトタイピング，ユーザテスト，画面設計，インタラクション設計，八つの黄金律，操作の一貫性，ショートカット，フィードバック，UnDo，ユーザ主導，ユーザビリティ10原則，優れたデザインの4原則，JISハンドブック（人間工学）

8.1 インタラクションをいかに設計するのか？

ユーザが情報システムを用いる場合，なんらかの目的があるはずです。インタラクションを設計することは，ユーザができるかぎり簡単に，かつ効率的に目的を果たせるような情報のやり取りを設計することに他なりません。したがって，インタラクションの設計で大切なポイントは，ユーザが遂行しようとするタスク（仕事）を把握し，またインタラクションで考慮すべきユーザの心身特性を理解することです。その上で，システムを規定して具体的なインタラクション設計を行い，最終的には目的に沿った性能評価を行うことが重要です。インタラクション設計のプロセスは，つぎに示すような段階を追って進んでいきます。

8.2 インタラクション設計の基本的な流れ

(1) **ユーザの規定**：

ユーザの要求およびシステムを用いて，遂行しようとするタスクを明確化し，**ユーザの心身特性**を把握します。① ユーザがどのような環境で仕事を行うのか，その行動パターンやメンタルモデルを推定するにはユーザを絞り込むことが必要です。もし，ユーザの中に障害者・高齢者が含まれるのであれば，アクセシビリティ要因を考慮しなければなりません。つぎに，② ユーザの**タスク分析**を行います。対象ユーザが，システムを使ってどのような仕事（タスク）を行うのか，その内容を調査します。さらに③ **ユーザ要求**を調査し明確化します。対象ユーザが遂行するタスクから，システムとしてどのような支援が必要なのか，要求事項を特定して整理します。

(2) **システムの規定**：

ユーザのタスク遂行をシステムがどのように支援するのか，システムの目的と範囲を規定します。ユーザ要求を満たすためには，システムとしてどのような機能を装備する必要があるのかを明確化する必要があります。まずは，① システムの最終的な目的がなにか，**システムゴール**を明確にします。システム開発ではさまざまなトレードオフが発生します。そのような問題に陥った場合，システムゴールが明確であれば，どの条件を優先すべきか方針を決めることができます。つぎに，② システムが**利用される状況**を理解します。システムが使用される環境，関連するシステム群，必要とされる入出力情報などを理解します。さらに，③ 人間と機械への**機能の割り振り**を行います。人間（ユーザ）と機械がどのように機能分担し，どのように協調していくのか，機能の割り振りを決めていきます。

(3)　**システム機能の設計と構造化**：

ユーザの目的達成を，システムが支援するためにはどのような機能が必要とされるのかを検討します。抽出したユーザ要求，および人間とシステムとの機能分担に基づき，具体的なシステム機能を検討し，それらを構造化します。システム機能を網羅的に検討する方法として，ユーザを代表する**ペルソナ**を想定し，ペルソナの行動パターンをシナリオ化して，その中で必要となる具体的な機能を抽出する方法が提案されています。ペルソナとはもともと「仮面」を意味しますが，この言葉はC.G. ユングが分析心理学の中で「人が，自分の周りに見せる自分」という意味で用いました。一人の社会人であれば，例えば「会社員」というペルソナをもち，同時に「父親」というペルソナももちます。さらに，趣味の世界などさまざまなコミュニティでそれぞれのペルソナをもっています。最近は，ペルソナの概念がマーケティングに応用されるようになりました。マーケティングでのペルソナとは，製品やサービスを利用する主体としての顧客像です。ペルソナを規定する場合，氏名や年齢，居住地，職業，年齢，価値観やライフスタイル，身体的特徴など，詳細な属性を考慮して人物像を決めていきます。そして，この人物の生活パターンを考え，製品とどのように関わるかなどをシミュレートすることで，製品の機能設計に応用していきます。機能の設計を行った後，それら機能の関係を整理し，構造化していきます。

(4)　**ユーザインタフェースの設計**：

ユーザに提供するシステム機能をどのようなインタラクションとして提供するのか，検討を行います。ユーザインタフェースの設計作業では，複数の観点から設計条件を決めていく必要があります。**ユーザビリティの原則**に基づく**ユーザインタフェースデザイン**という視点，**ユニバーサルデザイン**という高齢者・障害者に対する配慮の視点，**感性デザイン**という「見た目の印象」など感覚的な高感度を上げる視点，製品やシステムの安全性を確保するという安全性デザインの視点，地球環境に負荷を与えない**エ**

コロジーデザインの視点，衝撃や外部の力に対して強いという**ロバストデザイン**の視点，システムの維持管理に関わるメンテナンスというデザインの視点，などです。ユーザインタフェースの設計では，デザインガイドラインやチェックリスト，各種**ヒューリスティクス**を活用します。インタラクション設計のよし悪しはさまざまな外部要因の影響を受けるため，設計の段階で簡単な評価を行ってその結果を設計にフィードバックするスパイラル開発が有効です。ただし，スパイラル開発はその柔軟性のため，開発スケジュールの管理が難しいという側面があります。そのため，しっかりとしたプロジェクト管理が必要です。

(5)　**プロトタイピングと評価**：

対象とするユーザ層がシステムを操作できるかどうか，ユーザビリティ評価を行って設計にフィードバックします。ユーザビリティ評価には，例えば，仕様書レベルのペーパープロトタイピングやプロトタイピングツール，あるいはモックアップを開発してユーザテストを行うなど，さまざまな方法があります。どの方法を用いるかで，得られるデータや評価にかかるコストに大きな差が出るので，評価目的に合わせて方法を選択する必要があります。

8.3　画面設計の違いで作業効率が変わるのか？

さまざまな機器において，ディスプレーを用いるインタラクションは不可欠です。ディスプレー装置にどのように情報を提示するかを設計するのが**画面設計**です。パソコンのアプリケーションの他にも，携帯電話などの情報機器，電子レンジや洗濯機などの家電製品，さらに車や航空機などの車両に至るまで，あらゆる機器で画面設計が必要です。

画面設計の違いが実際の作業効率に影響するのか，実験で検証した例があります。ベル研究所のT. タリーズ（Thomas S. Tullis）は，1981年に電話会社（米国AT&T）で実際に電話網の監視作業に携わる8名の社員を実験協力者として，電話システムの監視・診断を行う実験を実施しました。実験協力者は，設計方法の異なる4種類の画面設計案を用いて電話網の監視データの提示を受け，電話網の状態を診断する実験が行なわれました。**図8.1**は，実験で使用した4種類の画面設計案です。①のテキストベタ書き画面は，システムの出力をほぼそのまま提示するフォーマットであり，画面を積極的に設計したものではありません。しかし情報量は最も多い画面案です。②の構造化テキストは，画面案①よりも情報量は少ないものの，各テキスト情報を構造化してグループ化し，レイアウトに反映した画面案です。③の白黒のグラフィクスは，電話網をグラフィカルに表現した白黒の図の中に診断データを表示したものです。④のカラーのグラフィクスは，フォーマットは③と同じですが，伝送装置とつながるケーブル部分でカラー表現を用いたものです。実験では，診断作業の正確さ

① テキストのベタ書き

TEST RESULTS SUMMARY : GROUND

GROUND, FAULT T-G
3 TERMINAL DC RESISTANCE
 > 3500.00 K OHMS T-R
 = 14.21 K OHMS T-G
 > 3500.00 K OHMS R-G
3 TERMINAL DC VOLTAGE
 = 0.00 K VOLTS T-G
 = 0.00 K VOLTS R-G
VALID AC SIGNATURE
3 TERMINAL AC RESISTANCE
 = 8.82 K OHMS T-R
 = 14.17 K OHMS T-G
 = 628.52 K OHMS R-G
LONGITUDINAL BALANCE POOR
 = 39 DB
COULD NOT COUNT RINGERS DUE TO
LOW RESISTANCE
VALID LINE CKT CONFIGRATION
CAN DRAW AND BREAK DIAL TONE

② 構造化テキスト

****
* TIP GROUND 14K *
****

DC RESISTANCE	DC VOLTAGE	AC SIGNATURE
3500 K T-R 14 K T-G 3500 K R-G	0 V T-G 0 V R-G	9 K T-R 14 K T-G 629 K R-G

BALANCE

= 39 DB

CENTRAL OFFICE

VALID LINE CKT
DIAL TONE OK

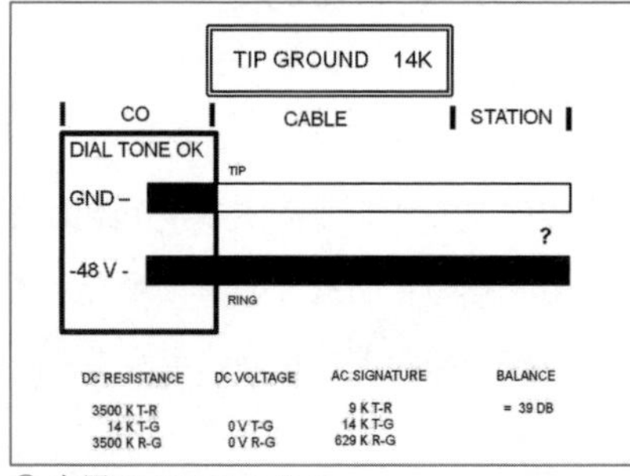

③ 白黒のグラフィクス

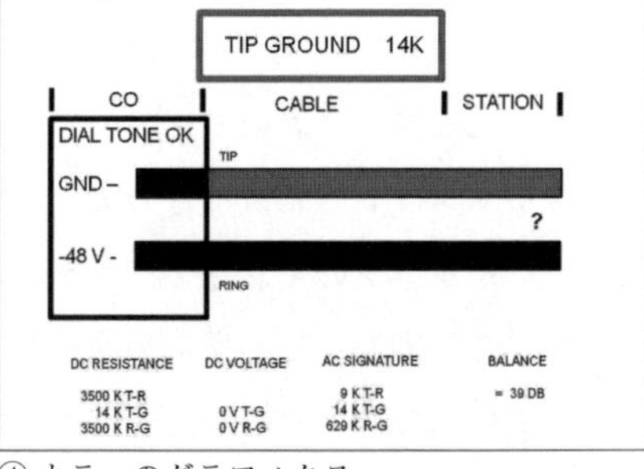

④ カラーのグラフィクス

出典：Thomas S. Tullis：An Evaluation of Alphanumeric, Graphic, and Color Information Displays, Human Factors, Vol.23, No.5 (1981)

図8.1　画面設計が作業効率に及ぼす影響

と作業時間が計測されました。

実験の結果，仕事の正確さについては，どの画面フォーマットでも違いは見られませんでした。実験協力者は現役の監視作業員であり，画面設計の違いで情報の読取り間違いといったエラーの発生率が変わることはありませんでした。しかし，作業時間に関しては，画面フォーマットによる違いが見られました。**表 8.1** は，画面設計の違いによる平均作業時間の差をまとめたものです。1 回目と 2 回目を平均した作業時間を見ると，テキストベタ書きのフォーマットでは情報の読取りに平均 8.9 秒を要していましたが，カラーグラフィクスではそれが 5.8 秒まで短縮されています。実に 35% もの時間が短縮されたことになります。カラーと白黒ではあまり差が見られませんでした。このように，同じ情報を提示する場合においても，画面設計によって作業能率に差を生じることが明らかになりました。もし監視・制御業務で必要な人件費が 35% 削減できるとしたら，それは企業にとって非常に大きな効果となります。

表 8.1 画面設計の違いによる平均作業時間の差

画面フォーマット	平均作業時間 1 回目〔秒〕	平均作業時間 2 回目〔秒〕	平均作業時間
テキストべた書き	9.5	8.3	8.9
構造化テキスト	8.0	5.0	6.5
白黒グラフィクス	7.0	5.0	6.0
カラーグラフィクス	6.5	5.0	5.8

8.4 インタラクション設計の原則

ユーザにとって理解しやすいインタラクションを設計する上では，認知心理学的な知見が役立ちます。このような知見をユーザインタフェース設計の際の基本原則として使えるよう，知見を抽象化してポイントをわかりやすくまとめたものが，以下のように提案されています。

(1)　**八つの黄金律/B. シュナイダーマン**：

メリーランド大学のベン・シュナイダーマン（Ben Shneiderman）は，インタラクション設計における**八つの黄金律**を提案しました。

①　**操作の一貫性を保つ**：

同じ機能を動作させるのであれば，同じ操作で統一するということです。メニュー項目，表示順序，ショートカットなど，プログラムの中ですべて同じ操作になるよう設計します。OSがユーザインタフェース機能を提供しているWindowsやMacintoshでは，どのアプリケーションでも**操作の一貫性**が保たれています。

②　**頻繁に使うユーザにはショートカットを用意する**：

システムを頻繁に使うユーザの場合，メニューをマウスでクリックしながら操作を進める方法はかなり煩雑で，作業効率があまりよくありません。このようなユーザには，コマンド対話形式のようなキーオペレーションによる操作方法を提供すべきで，この機能が**ショートカット**です。例えば，コピーであればCtrl＋C，貼付けであればCtrl＋Vといった具合です。ショートカット機能を用いることにより，いちいちマウスでメニューをクリックしなくても，迅速な操作ができます。ショートカット機能はWindowsにもMacintoshにも標準装備されており，慣れたユーザはいちいちメニューをめくらずに迅速なオペレーションが可能です。

③　**有益なフィードバックを提供する**：

コンピュータに情報入力を行ったとき，コンピュータからなんの応答もなければユーザはプログラムが壊れたと思うでしょう。つまり，ユーザからの情報入力に対して，コンピュータは「システムが操作入力を受け付けたこと」，「処理が進行していること」などの**フィードバック**情報をつねにユーザに提示する必要があります。GUIでも，例えばメニュー項目の上にポインタが重なったときには反転表示などによってクリックを受け付ける準備ができていることを通知し，もしユーザがそのままクリックすればメニューを実行するというように，つねに情報のフィードバックを行うことで，ユーザは安心してシステムを使用することができます。

④ **操作の段階的な進行がわかるような情報を与える**：

時間を要する処理を行っている場合には，例えば時計を模したプログレスアイコンやプログレスバーなどを表示することによってシステムがどの程度作業遂行中であるかを知らせることは，ユーザの安心につながります。また，ユーザが一連の複雑な操作を遂行する場合には，処理が1ステップずつ着実に進行していることをユーザに通知し，ステップごとに操作を完遂するような対話形式とすることが重要です。

⑤ **エラーの処理を簡単にする**：

システムは，ユーザによる操作が致命的なエラーに発展しないよう歯止めをかけ，もしエラーが起こってしまっても，なぜエラーが起こったのか原因を示すとともに，エラーからどのように回復すればよいのか，その手順を提示することが特に重要です。エラーコードだけ表示しても，ユーザにとってはなんの助けにもなりません。

⑥ **逆操作（UnDo）を許す**：

システム操作は，できるかぎり可逆にします。もしユーザが操作を誤っても，操作の取消しができれば安心してシステム操作ができます。**UnDo 機能**として，現段階から 20 ステップ以上も操作のやり直しができるシステムもあります。また，「取消し」操作の取消しもできるようにしておきます。

⑦ **主体的な制御権を与える**：

システム主導で操作ステップが進むのではなく，**ユーザ主導**（ユーザのペース）で操作ステップが進むようにします。プログラムを終了するのか続行するのかは，つねにユーザが選択できるようにします。例えば，複数の写真ファイルを PC に保存する場合，そのファイル名としてphoto-A1.jpg，photo-B1.jpg，photo-C1.jpgなどファイル名の一部だけ変更したい場合があります。このような場合，システムがつねにユーザの入力をチェックして「そのファイル名はすでに使用されています。」といったようにユーザの仮入力を受け付けないようなシステムでは，ユーザは思うような操作ができずにイライラします。

⑧　**短期記憶の負担を少なくする**：

ユーザが記憶に頼らずにシステム操作できるよう，必要な情報はすべてシステムから表示できるようにします。例えば，印刷設定画面において，ユーザが原稿の寸法（数値）を記憶しなくてもよいよう，システム側が正確な寸法を記憶し，ユーザには「A4」，「B5」など規格名称を指示させるべきです。

(2)　**ニールセンのユーザビリティ10原則**：

デンマークのヤコブ・ニールセン（Jakob Nielsen）は**ユーザビリティ10原則**を提唱しました。基本的にはB. シュナイダーマンと共通するところもありますが，ここで簡単に紹介します。

①　**システム状態の視認性を高める**：

システムからのフィードバック情報をつねに提示します。

②　**実際の利用環境に合ったシステムを構築する**：

システムが表示する言葉は，エンジニアが使う用語ではなく，ユーザが使っている用語（ユーザに馴染（なじ）みのある言葉や概念）を使います。システムが利用される状況に適合する方法で情報を提示します。

③　**ユーザにコントロールの主導権と自由度を与える**：

システム主導で操作ステップが進むのではなく，ユーザ主導（ユーザのペース）で操作ステップが進むようにします。

④　**一貫性と標準化を保持する**：

同じ機能を動作させるのであれば，同じ操作で統一します。

⑤　**エラーの発生を事前に防止する**：

誤操作を引き起こしそうな条件をあらかじめ除去することが望まし

いということです。重大な結果を招く操作については，実行の可否をユーザに確認します。

⑥ **記憶しなくても，見ればわかるようなデザインを行う**：

ユーザが記憶に頼らずにシステム操作できるよう，必要な情報はすべてシステムから表示できるようにします。

⑦ **柔軟性と効率性をもたせる**：

初心者がわかりやすいユーザインタフェースに加えて，熟練ユーザ向けに，コマンド対話方式のようなキーオペレーションによる操作方法を，柔軟に提供します。

⑧ **シンプルで美しいデザインを施す**：

情報提示は，シンプルでわかりやすいものになるよう工夫することが必要です。余計な情報は，ユーザを混乱させるだけでなく，ユーザの注意配分を阻害します。

⑨ **ユーザによるエラー認識/診断/回復をサポートする**：

エラーメッセージを提示する場合，コードを使わずに自然言語で表示する必要があります。エラーメッセージで問題点を明示し，エラーを回避する解決策を提示します。

⑩ **ヘルプとマニュアルを用意する**：

システムはマニュアルなしで使えるほうがよいですが，ヘルプや説明文書は必要です。また，マニュアルは検索の容易性を確保します。

(3) D．ノーマンの優れたデザインの4原則：

D．ノーマン（Donald Arthur Norman）は「**優れたデザインの4原則**」について，つぎのように述べています。

① **可　視　性**：

状態となにをすべきかが目で見てわかること。

② **よい概念モデル**：

操作とその結果の表現に整合性があること。

③ **自然な対応づけ**：

行為とその結果，操作とその効果，システムの状態とその UI 表現が対応すること。

④ **フィードバック**：

行為に対して完全なフィードバックを与えること。

8.5 インタラクション設計の標準

人と情報システムとの対話の原則については，世界的に標準化が進められており，国内では人間工学 JIS 規格（JIS Z 8522:2006）として刊行されています。JIS 規格と同じ内容の国際標準も ISO 9241-12:1998 として刊行されています。

人間工学の規格には「JIS Z 8500:2002　人間工学 —設計のための基本人体測定項目」から始まり「JIS Z 8531:2007　人間工学 —マルチメディアを用いるユーザインタフェースのソフトウェア —第 3 部：メディアの選択及び組合せ」に至る，JIS Z 85××という規格群（JIS Z シリーズ　35 件）があります。そのうち，JIS Z 8500～JIS Z 8503 は人体測定や作業負荷などに関する原則，JIS Z 8503-1～JIS Z 8503-6 は例えば大規模プラントの制御や航空管制などで必要となるコントロールセンターの設計に関わる人間工学，JIS Z 8504 は暑熱環境における熱ストレスの評価に関する規定です。また，JIS Z 8511～JIS Z 8527 はディスプレー装置を用いるオフィス作業に関わる人間工学を規定しており，前半の JIS Z 8511～JIS Z 8519 ではディスプレーやキーボード，ワークステーションの配置や作業環境，スクリーンの反射や色など，主にハード的な要求を規定しています。後半の JIS Z 8520～JIS Z 8527 では，人と情報システムとの対話の原則，ユーザビリティ，各種情報の提示方法，オンラインヘルプなどのガイダンス，メニュー，コマンドやフォームフィリングなどを用いたインタラクション，また GUI で標準的に利用される直接操作によるインタラクションなど，ソフトウェア設計に関わる要求を規定しています。また，JIS Z 8528-1～JIS Z 8528-2 は，家庭やオフィスで誰もが使っている液晶ディスプレーなどのフラットパネルディスプレーに関わる規定です。JIS Z 8530では，使いやすいシステムを設計する過程「人間中心設計プロセス」について，さらにJIS Z 8531-1～JIS Z 8531-3ではマルチメディアを用いるユーザインタフェースの設計について規定しています。

このように，人間工学の規格は，「人間にとって使いやすいモノをつくるためにはどうすればよいか？」に関して，人間工学上の基本的な原理・原則，設計の基準や設計プロセス，評価方法まで，一連の機器設計過程において必要とされる情報を網羅しています。画面設計に関わる規格は，「JIS Z 8522:2006 人間工学 —視覚表示装置を用いるオフィス作業 —情報の提示」が刊行されています。この規格の章構成は，5章は「情報の組織化」，6章には「図形オブジェクト」，7章には「符号化手法」が記載されています。例えば，5章は**図8.2**のような内容構成です。

JIS Z 8522:2006

5章　情報の組織化
- 5.1　情報の表示位置
- 5.2　ウインドウ使用が適切な場合
- 5.3　ウインドウに関する推奨事項
- 5.4　表示領域
- 5.5　入出力領域
- 5.6　グループ
- 5.7　リスト
- 5.8　表
- 5.9　見出し
- 5.10　フィールド

JIS

人間工学－視覚表示装置を用いる
オフィス作業－情報の提示

JIS Z 8522：2006
(ISO 9241-12：1998)
(JES/JSA)

日本工業標準調査会 審議

図8.2　JIS規格の例

この規格では，ユーザにとって理解しやすいインタラクションの基本原則が網羅されており，具体例が示されている項目も少なくありませんので，情報システムのユーザインタフェース設計では参考情報となります。これら人間工学に関わるJIS規格は，日本規格協会グループのサイトから購入することが可能です。

9

人間中心設計の概念

この章では，人間中心設計の概念について述べます。まず，なぜ人間中心という設計思想が必要とされるのか，コンピュータという記号処理機械の出現と併せて背景を紹介します。また，人間中心という概念で欠かせない，ユーザビリティ，ユーティリティ，ユーザエクスペリエンスについても概説を行い，最後に人間中心設計のプロセスについて説明します。

9章のキーワード：

ユーティリティ/機能性，ユーザビリティ/使用性，ユーザエクスペリエンス（UX），人間工学，ITE，人間中心設計（UCD），開発プロセス，トレードオフ，カスタマジャーニーマップ，ユースケース図，ユーザシナリオ

9.1 コンピュータ制御されたシステムはなぜ操作が難しいのか？

企業のオフィスに入ると，デスクの上にはパソコンが設置され，その横にはたくさんのボタンが付いている電話機が置かれています。この電話機はビジネスフォンと呼ばれており，家庭で使用する電話機と異なり100個を超えるさまざまな機能が装備されている多機能電話機です。ビジネスフォンでよく使う機能にワンタッチダイヤル発信という機能があり，それはまさにワンタッチボタンを押すだけで，事前に登録された相手に発信できる便利な機能です。

以前，筆者は新しいオフィスに赴任して早々，ワンタッチダイヤルに電話番号を登録しようとしましたが，マニュアルが手元にはありません。総務課に頼んでマニュアルを借り，それを見てみると，ワンタッチダイヤル登録の手順が記してありました。つぎのような操作手順でした:「メニューボタン」⇒「151」

⇒「ワンタッチボタン」⇒「登録する番号」⇒「ワンタッチボタン」⇒「電話機が TypeS または TypeM ならクリアボタンの長押し」/「電話機が TypeL ならスピーカーボタン」。登録の最終段階まで操作を進めましたが，結局，電話機のタイプがわかりませんでした。この後どうしたでしょうか？ 多機能電話機として使うことをあきらめました。このような機能がこの電話機には何十個も装備されているのだな，とふっと気が遠くなるような感じがしました。筆者と同じような経験をしている人は，いまも決して少なくないように思います。

ここで例に出した電話機の操作手順は，マニュアルがなければ操作は不可能で，操作手順を想像することも不可能でしょう。実は，これが「コンピュータ制御」の本質なのです。つまり，操作の手順はエンジニアが制御プログラムをどう書くかで，どうにでもつくれるのです。例えば，メカニカルな制約を受けるような機械仕掛けであれば，メカニズムを分析的に見ていけばどのように操作すればどのような結果になりそうか，想像できる可能性があります。しかし，コンピュータ制御では，プログラムが動いているのはコンピュータのメモリの中なので，システムの動きを外から見ることはできません。なおかつ，操作手順を決める制御プログラムは，外部からの物理的な制約などを受けることはなく，ほとんどエンジニアがどうつくるかの恣意性に依存します。コンピュータ制御されたシステムはなぜ操作が難しいのか，その本質が制御プログラムの恣意性にあります。システムの操作手順は，システムの外部仕様として定義されますが，その外部仕様を設計するエンジニアがユーザの行動を予測できなければ，使いやすい製品を開発することはできません。

9.1.1　ユーザビリティとは？

多機能電話機のように数多くの機能を装備する機器は，**機能性**（utility）が高いといえます。日本国内では，2000 年前後までは機能性の高い製品が求められ，国内主要メーカーは機能性の高い製品を開発してきました。しかし，多くの便利な機能を装備したユーティリティの高い製品であっても，その機能をユーザが使えなければ意味がありません。「use（使用）」と「ability（能力）」

をつないだ言葉が「usability（**ユーザビリティ**）」です。英和辞典で「usability」を調べると「使いやすさ」とありますが，ユーザビリティの概念はもう少し広く，ユーザビリティをどう定義するかについては専門家による議論が現在もなおつづいています。

ユーザビリティの定義は，「JIS Z 8521:2020　人間工学 ―人とシステムとのインタラクション ―ユーザビリティの定義及び概念」ではつぎのように記されています。

ユーザビリティ（usability）：　特定のユーザが特定の利用状況において，システム，製品又はサービスを利用する際に，効果，効率及び満足を伴って特定の目標を達成する度合い。

注記 1　“特定の”ユーザ，目標及び利用状況とは，ユーザビリティを考慮する際のユーザ，目標及び利用状況の特定の組合せである。

注記 2　“ユーザビリティ”という言葉は，ユーザビリティ専門知識，ユーザビリティ専門家，ユーザビリティエンジニアリング，ユーザビリティ手法，ユーザビリティ評価など，ユーザビリティに寄与する設計に関する知識，能力，活動などを表す修飾語としても用いる。

この JIS 規格は，ISO（International Organization for Standardization）の国際標準「ISO 9241-11:2018　Ergonomic of human-system interaction ―Part 11: Usability: Definition and concepts（MOD)」と技術的内容が同等の規格です。つまり，このユーザビリティの定義は，国際的にも合意されているといえます。ただし，最近はここで紹介したユーザビリティの概念が拡張されてきており，特に長期的な目で見たユーザの主観的満足度の側面を重視する立場として「**ユーザエクスペリエンス**（user experience，**UX**)」という新しい概念が提案されています。つまり，大まかにいえば，ユーザビリティは主に製品の性能を表す概念，ユーザエクスペリエンスは主にユーザの受止め方を表す概念です。もちろん，製品やサービスのリピータになってもらうためには，ユーザビリティとユーザエクスペリエンスの両方が必要です。

9.1.2　ユーザエクスペリエンスとは？

2000年を超えて以降，コンピュータをはじめとするディジタル技術が広く浸透してくると，製品やサービスを提供する側，つまり開発系企業間での技術の差が縮まってきました。また，ディジタル技術はコピーが容易なので，製品のユーティリティだけでは他社の製品やサービスとの差別化ができなくなってきました。マーケットは，高性能の製品を安くつくればモノが売れた昭和・平成の時代から，顧客にとって高い価値を提供できなければモノは売れない，という令和の時代へと変遷してきました。つまり，ユーザが製品やサービスをどのように受け止めているのかを問題にするユーザエクスペリエンスの重要性が上がってきているということです。ここ数年，製品やサービスのプロバイダがなにかというと「ユーザエクスペリエンス」というようになったのは，このような時代の変遷が背景となっています。

ユーザエクスペリエンスの定義は，インタラクティブシステムを対象とした人間中心設計に関する国際規格 ISO 9241-210:2010（Ergonomics of human-system interaction —Part 210: Human-centred design for interactive systems）で標準化され，その後，日本国内でも JIS Z 8530:2019（人間工学 —インタラクティブシステムにおける人間中心設計）として JIS 規格化されました。JIS Z 8530:2019 では，ユーザエクスペリエンスはつぎのように規定されています。

ユーザエクスペリエンス：　製品，システム又はサービスの使用及び/又は使用を想定したことによって生じる個人の知覚及び反応。

注記 1　ユーザエクスペリエンスは，使用前，使用中及び使用後に生じるユーザの感情，信念，し好，知覚，身体的及び心理的反応，行動など，その結果の全てを含む。

注記 2　ユーザエクスペリエンスは，ブランドイメージ，提示，機能，システムの性能，インタラクティブシステムにおけるインタラクション及び支援機能，事前の経験・態度・技能及び人格から生じるユーザの内的及び身体的な状態，並びに利用状況，これらの要因によって影響を受ける。

注記3　ユーザビリティは，ユーザの個人的な目標の観点から解釈されたとき，通常はユーザエクスペリエンスと結び付いた知覚及び感情的側面の類を含めることができる。ユーザビリティの基準は，ユーザエクスペリエンスのいくつかの側面を評価するために使用できる。

9.2 人間中心設計という概念

9.2.1 「人間中心設計」という考え方の起源

人間を中心として情報システムを設計するという考え方は，1980年代中ごろに始まりました。情報技術の中核となるコンピュータは，1946年にENIACが開発されて以来目覚ましい発展を遂げ，1977年にはApple社が8ビットCPUを搭載したコンピュータApple Ⅱを発売，これがパーソナルコンピュータの先駆けとなりました。日本国内でも，1979年にはNECがPC8001（8 bit CPU搭載）を発売し，これは代表的な国産パーソナルコンピュータ（PC）として広く認知されました。しかし，このころの8ビットPCはOS（オペレーティングシステム）も搭載しておらず，ビジネスで本格的に使用するには非力でした。そして1981年8月，それまで大型コンピュータ市場を席捲（せっけん）していたIBMがPC市場に参入し，16ビットPCであるIBM-PC（IBM5150）を発売します。また，これに合わせてMicrosoft社（1981年創立）が16ビットCPU向けのOSであるMS-DOSをリリースしました。それまでは趣味的要素が強かったパソコンでしたが，汎用OSを搭載した16ビットPCの登場によって，その利用範囲は一気にビジネス用途にまで拡大しました。日本国内では，1982年10月にNECが16ビット機PC9801（CPUはIntel 8086）を発売しています。

16ビットPCの出現によって，パーソナルコンピュータはビジネス用途でも普及し，多くのオフィスにPCが導入されました。ところが，PCの利用拡大に伴って**VDT症候群**（visual display terminal syndrome）（眼精疲労，肩こり，抑うつなど）といわれる体調不良が多くのオフィスで発生するようになり，社会的な問題として認知されるようになりました。1980年代の調査では，目の疲れ，肩こり，腰や背中の痛み，手指のしびれなど，身体症状が多かったのですが，コンピュータ利用が広がるにつれて症状の範囲が広がり，イライラ，不安感，食欲減退，抑うつ症状など心の症状なども報告されるようになりました。これは，コンピュータを用いる長時間の作業によって身体的な負担が増加することに加え，難解なシステム操作や入力ミスによるエラーなどが過度な緊張感を誘発するためと考えられました。このような背景の下，VDT 作業に対する安全の意識が高まり，機械中心ではなく人間中心のシステム設計の必要性が認知されるようになりました。

人間中心のシステム設計という考え方の起源には，大きく二つの流れがありました。一つはイギリスの人間工学者であるブライアン・シャッケル（Brian Shackel）が 1985 年に提唱した Information Technology Ergonomics（**ITE**）という，情報技術における人間工学を研究する動きです。人間工学（ergonomics）は，もともとヨーロッパを起源として発展してきた学問分野であり，Ergonomics という言葉は 1857 年にポーランドの Wojciech Jastrzębowski がギリシャ語の ergon（仕事や労働）と nomos（自然の法則）を合わせて造語したといわれています。人間工学は，Ergonomics という言葉のとおり，労働科学の中で人間の身体・生理的特性を理解することで効率的な労働環境をつくる，つまり人間をハードウェアに適合させる方法論を探っていこうとする学問でした。

もう一つは，アメリカの認知科学者であるドナルド・ノーマンが 1986 年に提唱した**ユーザ中心設計**（user centered design，**UCD**）という考え方です。UCD は，ノーマンが彼の著書 “The Design of Everyday Things（邦訳『誰のためのデザイン？』）” で主張しました。ノーマンは，情報機器が使えないのはユーザが無能だからではなく，システム設計者がユーザを知らないからで，ユーザは機器の「使いにくさ」についてもっと声を上げるべきだ，ということを主張しました。ノーマンの主張は，人間工学を背景としたイギリスの人間中心設計とは異なり，認知心理学を背景とした主張であり，システム設計者は人間の認知特性を十分に理解して製品を設計すべきである，という考え方が強く訴求されています。ノーマンは，人間と情報システムとのインタラクション設計では，システムの都合ではなく人間の認知特性に合わせてシステム機能を設計すべき，つまりシステムの振舞いを「わかりやすく」見せる，という概念的な基盤を提示しました。

9.2.2 「人間中心設計」とは？

人間中心設計（HCD）のガイドラインは，ISO の国際規格「ISO 9241-210:2010 Ergonomics of human-system interaction —Part 210: Human-centred design for interactive systems」として刊行されています。この国際標準と技術的内容が同じ JIS 規格が「JIS Z 8530:2019　人間工学 —インタラクティブシステムにおける人間中心設計」です（**図 9.1**）。

ISO 9241-210:2010 Ergonomics of human-system interaction -Part 210: Human-centred design for interactive systems ISO 9241-210:2010 provides requirements and recommendations for human-centred design principles and activities throughout the life cycle of computer-based interactive systems. It is intended to be used by those managing design processes, and is concerned with ways in which both hardware and software components of interactive systems can enhance human-system interaction.	JIS Z 8530:2019 人間工学—インタラクティブシステムにおける人間中心設計 この規格は，コンピューターを利用したインタラクティブシステムのライフサイクルの初めから終わりにおける，人間中心設計の原則及び活動のための要求事項及び推奨事項について規定する。この規格は設計プロセスの管理者を対象とし，インタラクティブシステムのハードウェア及びソフトウェアの構成要素によって，人とシステムとのインタラクションを向上させる方法について取り扱う。

図 9.1　人間中心設計に関する規格

この規格では，人間中心設計がつぎのように定義されています。

人間中心設計：　システムの使用に焦点を当て，人間工学及びユーザビリティの知識と手法とを適用することによって，インタラクティブシステムをより使えるものにすることを目的としたシステムの設計及び開発へのアプローチ。

注記 1　“ユーザ中心設計”ではなく“人間中心設計”という用語にした理由は，この規格がいわゆるエンドユーザを重視するだけではなく，複数の利害関係者への影響を強調するためである。しかし実際にはこれらの用語はしばしば同義語として使用される。

注記2 使いやすいシステムは，生産性の改善，ユーザの福利の向上，ストレスの回避，アクセシビリティの向上及びユーザに危害が及ぶリスクの低減を含む，多くの利点を提供することができる。

つまり，対話システムを開発する場合，人間工学やユーザビリティに関わる知識を用いることで，より使いやすい情報システムとなるような設計の方法（一連の手続き）を示しています。また，人間中心設計では，つぎの原則に従うことが望ましいとされています。

(a) ユーザ，タスク及び利用環境を明確に理解しシステムを設計する。

(b) 設計及び開発の初めから終わりまでユーザが各工程に関与できるようにする。

(c) ユーザ中心の評価に基づいて設計を進め，改良を加える。

(d) 設計プロセスを繰り返す（反復設計）。

(e) ユーザエクスペリエンスを考慮して設計する。

(f) 設計チームに様々な専門分野の技能及び視点をもつ人々がいる。

9.3 人間中心設計のプロセス

人間中心設計では，個々の製品のよし悪しにこだわるのではなく，製品・サービス群の設計/開発に関わる一連の活動の品質を上げることで，結果的に製品・サービス群の質（ユーザビリティ）を向上させることを目的とします。つまり，人間中心設計は「この基準を満たせば合格」というものではなく，開発のプロセスを示しているところがポイントです。

大雑把にいえば，ユーザとその立場を理解し，ユーザが抱える問題を解決するためのデザイン・評価・改善を繰り返すのがポイントです。**図9.2**に示すように，人間中心設計のプロセスには四つの段階があり，システム開発プロジェクト全体を通して，(1) 利用の状況の把握と明確化，(2) ユーザと組織の要求

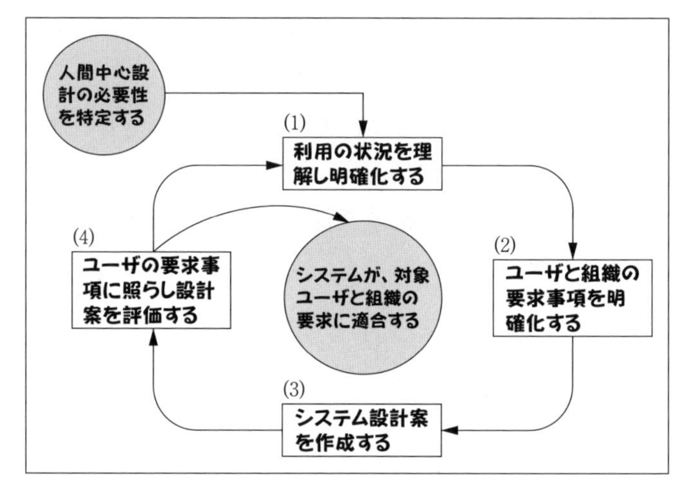

図 9.2　人間中心設計のプロセス

事項の明示，(3) 設計案の作成，(4) 要求事項に対する設計の評価，の四つの段階を繰り返していくことが推奨されています。

(1)　**利用の状況の把握と明示**：

最初の段階として，ユーザの調査を行います。ユーザ，ユーザが抱える仕事，ユーザが所属する組織環境および物理環境を調査し，その特徴に基づいてシステムを利用する状況を定義します。また，システムの設計に対して重要な影響力をもっているユーザ，そのユーザの仕事，環境に関する特徴を記述します。調査の方法としては，インタビューやアンケート調査，フィールド調査などがありますが，仕事の現場をよく観察することが重要です。

(2)　**ユーザと組織の要求事項の明確化**：

ユーザがどのようなニーズをもっているのか，ニーズを満たすためにどのようなシステム機能が必要なのかについて明確化します。システムが利用される状況を特定した上で，ユーザとその組織（利害関係者）がなにを求めるのかを明らかにします。ユーザとその組織での要求事項を明らかにした上で，各要求事項間の**トレードオフ**（trade-off）を特定します。また，どの仕事を人に配分しどの仕事をシステムに配分するのか，人とテクノロジーの“機能の割当て”を行って要求仕様を固めます。要求仕様を検討する方法としては，顧客像のペルソナを設計し**カスタマジャーニーマップ**などの時系列シナリオ，あるいは**ユースケース図**などを作成して**ユーザシナリオ**を構築する方法があります。

(3)　**設計案の作成**：

設計案の作成では，(1) で特定した利用の状況に基づき，利用可能な技術，ユーザビリティの指針，設計チームの知識と経験を踏まえ，具体的な設計案を作成します。設計案を詳細化し評価を加えることで，ユーザ要求のさらなる詳細化ができるようになります。このような設計手法には，つぎのような利点があります。

・設計の提案が明確になるので，設計チームは開発プロセスの早い段階からチーム内，およびユーザとの意思疎通を図ることができます。

・設計コンセプトを一つに絞る前に，設計者がいくつかの設計コンセプトを探究することが可能となります。

・開発過程の早い段階でユーザからのフィードバックを設計に取り入れることができます。

・設計を繰り返すことで設計案を評価することができます。

・機能設計において，システムの品質改善を図ることができます。

この段階では，ペーパープロトタイプやプロトタイプツールを活用し，モックアップを作成して品質向上を図る方法があります。

(4)　**要求事項に対する設計の評価**：

この段階では，ユーザ中心で実施してきた設計案の妥当性の評価を実施します。

・ユーザニーズに関する新しい情報を集めます。

・設計を改善するため，ユーザの視点から設計案の長所と短所に関するフィードバックを提供します。

・ユーザの要求事項が達成されているかどうかを確認します。この確認には，国際/国内，地域の法律，あるいは企業の規定などとの適合性評価を含みます。

人間中心設計では，この四つの段階についてユーザの要求が満たされるまで繰り返します。

10

ユニバーサルデザイン

この章では，ユニバーサルデザイン（UD）について概説します。UDとはなんなのか，なぜ話題になってるのかについて，日本の人口問題と併せて説明します。また，バリアフリーデザインとの違いについて触れ，UDの7原則および高齢者・障害者などへの配慮設計指針（JIS X 8341）について概説します。

10章のキーワード：
ユニバーサルデザイン（UD），高齢化率，生産年齢人口，長寿社会，ロナルド・メイス（Ronald Mace），ノーマライゼーション，アクセシブルデザイン，ADA法，ユニバーサルデザインセンター，バリアフリーデザイン，JIS X 8341シリーズ，障害者差別解消法

10.1　なぜユニバーサルデザイン（UD）なのか？

「**ユニバーサルデザイン**（universal design，**UD**）」という言葉を聞いたことがあるでしょうか？ おそらく，読者の多くは言葉としては聞いたことがあるでしょう。しかし，それがなにを意味するのか知らない読者が多いのではないでしょうか。ユニバーサルデザイン（UD）とは，製品，環境，建物，空間などを，できるかぎり多くの人が利用できるようにデザインすることを指します。ちょっと考えれば当然のようにも思えますし，街を歩いてみてもいろんな所にスロープが付いていたり，トイレには手すりが付いていたり，すでにUDになっているのではないかと思われる箇所を散見するかもしれません。ここ数年は，UDの概念が世の中に広まり，UDを実践する企業も多くなりました。それでもまだ十分ではありません。では，なぜUDの必要性が叫ばれるのでしょうか？ その理由は，日本の人口構造の急速な高齢化にあります。

10.1.1 日本の生産年齢人口の減少

日本の人口は第二次世界大戦終了後から増加をつづけ，1967年には初めて1億人を超えました。しかし，2008年に1億2808万人に達したのをピークに減少に転じました。国立社会保障・人口問題研究所の推計によると，日本の人口は2048年には9913万人まで減少，2060年には8674万人まで減少すると見込まれています。明治時代後半の1900年ごろから100年をかけて増えてきた日本の人口は，今後100年のうちに明治時代の水準まで戻ることになります。これまでの歴史でも類を見ない，大幅な人口減少に向かっているのが日本の現実です。また，日本の**高齢化率**（65歳以上の高齢者の人口比率）は，2019年9月時点で28.4%（総務省調べ）と世界で1位であることがわかりました。今後も総人口が減少する中で高齢化率は上昇をつづけ，2036年には33.3%と日本人の3人に1人が高齢者となります。さらに2042年以降は高齢者人口が減少に転じるものの高齢化率は上昇をつづけ，2065年の高齢者率は38.4%に達して国民の約2.6人に1人が高齢者であるような社会が到来します。

したがって，いままでのように65歳で定年を迎えて生産活動から離脱するという慣習をつづけていけば，技術立国日本の生産能力は失われていきます。国の生産能力の低下は国力の低下に直結しており，われわれはこれまでのような生活水準が維持できなくなる可能性が高いことを意味します。労働人口の不足は，国として優先度の高い重要課題なのです。

図10.1は，日本の生産年齢人口と高齢人口の推移（内閣府調査）を示しています。生産年齢人口は着実に減少し，特に2030年辺りから大きく減少しますが，一方で高齢者人口は2040年ごろまでは増加していき，2035年辺りで高齢者人口が生産年齢人口を上回ってしまい，以降高齢者人口を上回ることはありません。少子化が進めば，状況はさらに悪化するでしょう。

つまり，高齢であってもあるいは心身に障害があっても，健丈な人と同じように社会参加し，生産的活動に従事してもらう必要があるのです。他方，そう

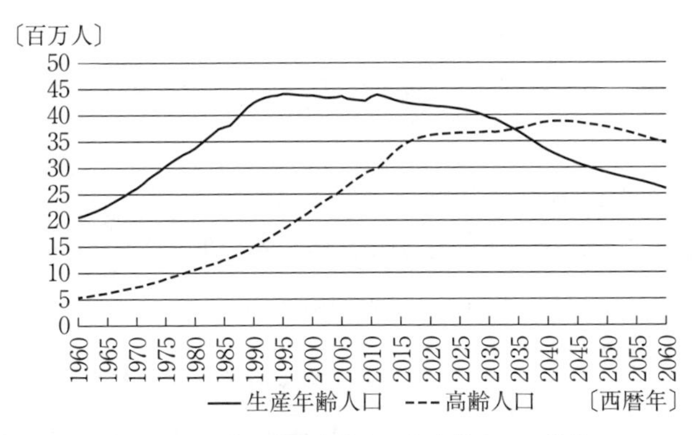

図 10.1　日本の生産年齢人口と高齢人口の推移

はいっても高齢になれば視力が低下する，聴力が低下する，記憶力が落ちる，足腰の運動能力が落ちるなど，若年層と同じ環境では思うように仕事はできません。高齢であってもあるいは心身に障害があっても生産活動に従事できるように，社会インフラの整備が不可欠なのです。

では，どのように社会インフラを整備すればよいのか，その指針を与える考え方がユニバーサルデザインです。

10.1.2　人生 100 年時代で必要な生活費

2007 年に日本で生まれた子供の半数が 107 歳より長く生きると推計されており，日本は世界一の長寿社会を迎えるといわれています。多くの国民が健康で長生きし，幸せな人生を全うするのは日本という国の理想形です。例えば，従来の慣習に従って 65 歳で定年を迎えて無収入になると仮定したときに，100 歳まで生活するためには 65 歳でどのくらいの貯蓄が必要かという問題が，国会でも話題になりました。総務省の調査（2018 年）によれば，高齢者夫婦 2 人世帯の生活費は月平均で 24 万円弱です。一人暮らし世帯では，老後に必要な生活費は月平均で約 16 万円といわれています。

例えば，65 歳～80 歳まで 16 万円/月で生活する場合に必要な費用は

$$16\text{ 万円} \times 12\text{ 箇月} \times 15\text{ 年} = 2\,880\text{ 万円}$$

一方，65 歳～100 歳まで 16 万円/月で生活する場合に必要な費用は

16 万円 × 12 箇月 × 35 年 = 6 720 万円

2 人世帯であれば，65 歳〜80 歳まで 24 万円/月で生活する場合に必要な費用は

24 万円 × 12 箇月 × 15 年 = 4 320 万円

一方，65 歳〜100 歳まで 24 万円/月で生活する場合に必要な費用は

24 万円 × 12 箇月 × 35 年 = 10 080 万円

65 歳の引退時に 1 億円（2 人世帯を想定）を超える貯蓄をもっている人は，それほど多くないでしょう。国会でも問題となったのは，このような費用をいまの年金制度だけですべて賄えるのかということです。つまり，人生 100 年時代が本格化する前に，国民一人一人ができるだけ長く働いていけるような社会環境を整える必要があるのです。

★このキーワードで検索してみよう！

人生 100 年時代

「人生 100 年時代」で検索すると，厚生労働省の HP をはじめ，働き方を提言するさまざまなサイトがヒットします。

10.2　ユニバーサルデザイン（UD）という考え方

日本の生産年齢人口の減少を少しでも抑えるためには，少子化に歯止めをかけるとともに，65 歳を超えても引退せずに長く元気で働いてもらい，生産人口の側に留(とど)まってもらう必要があるのです。国民一人一人が終生働いていけるような社会環境を整える上でのキーワードが，ユニバーサルデザイン（UD）です。UD は，高齢であってもあるいは心身に障害があっても，なるべく多くの人に長く社会参加してもらうためのさまざまな機器や建物，街などの設計の考え方を示すものです。この考え方は，1985 年にアメリカの建築家で工業デザイナーでもあった**ロナルド・メイス**（Ronald Mace）によって提唱されました。

10.2.1 ユニバーサルデザインの背景

障害者を積極的に社会で受け入れ，健常者と同じような生活を送れるようにするという考え方は，1963年には「**ノーマライゼーション**」（障害をもった人々でも，健常者と同じようにノーマルな生活を送る権利があるという考え方）という概念としてヨーロッパで提唱されていました。同じころ，アメリカでは人種差別や障害者の差別があり，これを是正することを訴える公民権運動が起こっていました。その後，1973年にはリハビリテーション法504条が制定され，障害者に対するあらゆる差別が禁じられました。このような流れの中で，障害者が建築物にアクセスできるデザインとして**アクセシブルデザイン**（accessible design）という考え方が提唱されました。この概念を建物だけではなく，情報システムを含むさまざまな機器へのアクセス（つまり「使える」ということ）も含めた広い概念として提唱したのが，ユニバーサルデザインです。ユニバーサルデザインとは，年齢，身体的特徴，障害のあるなしにかかわらず，できるだけ多くの人がアクセスでき，理解でき，利用できるようなデザインと環境を指します。アメリカでは，1990年に**ADA法**（障害をもつアメリカ人法）が成立しました。ADA法とは，雇用，市民利用施設，公共移動交通，州および自治体サービス，電話通信において障害者の差別を禁止し，機会均等を保障する連邦法です。

ロナルド・メイスは，ノースカロライナ州立大学の**ユニバーサルデザインセンター**（The Center for Universal Design）の所長を務めていました。メイス自身，ポリオという病気の後遺症で，電動車椅子と酸素ボンベを使って生活していました。メイスは，「すべての人が人生のある時点でなんらかの障害をもつ」としています。例えば，洗髪しているときには目が見えません。あるいは，ヘッドホンで音楽を聴いているときには周りの音があまり聞こえません。車を運転している最中は（運転以外では）手が自由に使えません。重い荷物をもっているときには自由に歩けません。あるいは，怪我などによって一時的に手足が使えない場合だってあるでしょう。つまり，ユニバーサルデザインは，高齢者・障害者のためだけではなく，すべての人のためのデザインなのです。

10.2.2　バリアフリーデザインとの違い

実は，ユニバーサルデザインという言葉と同じくらい，**バリアフリーデザイン**（barrier free design）という言葉をよく耳にします。UD とはどのように違うのでしょうか？ バリアフリーとは，すでに完成したモノやシステム，サービスなどにおいて，特定の人々がそれらを使用するときに障壁（バリア）となる部分が存在する場合には，それらバリアを取り除く（フリーにする）ように改善するというアプローチなのです。つまり，初期段階では高齢者・障害者の特性を考えずにつくられたモノに対し，後づけでバリアを取り除くという方法です。そのため，UD 製品よりもかえって費用が高くなったり，後づけ感の強いアンバランスなデザインになったりで，快適に使えない場合も少なくありません。ユニバーサルデザインでは，モノやシステム，サービスをつくる最初の段階から高齢者・障害者の特性を考慮するため，統一感のあるデザインとなり，結果的に費用も少なく済みます。

10.3　ユニバーサルデザイン（UD）の 7 原則

R. メイスらは，UD を実現するための七つの原則を提唱しました。この節では，UD の 7 原則それぞれについて，原則，内容の概説，デザインのガイドラインという構成で説明します。

10.3.1　公平（equitable use）

原　則：誰でも公平に使用できること。

概　説：利用者全員が同じものや手段を公平に使うことができ，特別な扱いをされず，誰にとっても魅力的であるようにデザインすること。

【デザインガイドライン】

・利用者全員が同じ方法で同じ手段を使えるようにすること。それが困難な場合には，別の手段を提供することもやむを得ないが，できるかぎり公平なものでなくてはならない。

・手段を利用する場合，差別感や屈辱感が生じないようにすること。
・誰もがプライバシーや安心感，安全性を得られるようにすること。
・利用者にとって魅力あるデザインにすること。

10.3.2　柔軟（flexibility in use）

原　則：使う上での柔軟性に富むこと。

概　説：利用者のさまざまな好みや能力に合うように柔軟性をもち，利用者がさまざまな使い方を自由に選択できるようにデザインすること。

【デザインガイドライン】

・利用者が使い方を選べるようにすること。
・右利き，左利きのどちらでも使えるようにすること。
・機器を正確に操作しやすいようにすること。
・利用者が使いやすいペースで使用できるようにすること。

10.3.3　簡単（simple and intuitive）

原　則：使い方が簡単で直感的に利用できること。

概　説：使う人の経験や知識，言語能力，集中力に関係なく，使い方がわかりやすく直感的に使用できるようにデザインすること。

【デザインガイドライン】

・機器の操作を複雑にしないこと。
・直感的に，すぐに使えるようにすること。
・言葉は，誰にでもわかる用語や言い回しを用いること。
・提示する情報は重要度の高い順にまとめること。
・操作のガイダンスや確認を効果的に用いること。

10.3.4　理解（perceptible information）

原　則：利用者が，提示された情報をすぐに理解できること。

概　説：機器が使用される状況，利用者の視覚・聴覚などの感覚能力に関わりなく，必要な情報が効果的に伝わるようにデザインすること。

【デザインガイドライン】

・重要な情報を効果的に伝達できるように，文字や画像，触覚など異なるモダリティを併用すること。

・重要な情報を強調することで，情報が伝わりやすいよう工夫すること。また，重要な情報の読みやすさに最大限配慮すること。

・視覚情報や聴覚情報など基本要素を区別して提示すること（口頭で指示を与えやすくする）。

・視覚や聴覚などに障害のある人が利用する機器は，障害のない人への情報伝達でも共通して使用できるようにデザインすること。

10.3.5　安全（tolerance for error）

原　則：利用者の単純なミスが危険につながらないこと。

概　説：うっかりして起こるスリップエラーや意図しない行動が，利用者の危険や思わぬ結果につながらないようにデザインすること。

【デザインガイドライン】

・危険やミスをできるかぎり防止するように配慮すること。頻繁に使用する機能はアクセスしやすくし，危険につながる要素はなくす，隔離する，あるいは覆う，などの工夫を施すこと。

・危険な場合，あるいはエラーが発生した場合には警告を出すこと。

・間違った操作を行っても利用者に危険が及ばない安全設計とすること（フェイルセーフ）。

・注意が必要な作業においては，意図せずに操作してしまうことがないように配慮すること。

10.3.6　省力（low physical effort）

原　則：利用者が無理な姿勢をとることがなく，身体的な負担が小さいこと。

概　説：機器を，効率よく，快適に，疲労せずに使用できるデザインにすること。

【デザインガイドライン】

・利用者が無理のない姿勢で使用できるようにすること。

・操作で必要な力を適切に設計すること。

・同じ動作を繰り返す反復操作は，最低限となるようにすること。

・身体的な負担が持続する状態を少なくすること。

10.3.7　空間（size and space for use）

原　則：アクセスしやすい寸法や空間を確保すること。

概　説：利用者の体格や姿勢，移動能力にかかわらず，アクセスしやすく，操作しやすい広さや大きさになるようデザインすること。

【デザインガイドライン】

・立っていても座っていても，重要な情報が明確に見えるようにすること。

・立っていても座っていても，機器に容易に手が届くようにすること。

・手の大きさに応じて把持部分の寸法が選択できるようにすること。

・支援機器を使用する介助者が活動するための十分な空間を確保すること。

10.4　Webアクセシビリティ

現代の生活において，インターネットはどんな人にとっても重要な情報の取得源となっています。したがって，高齢者・障害者にとっても，インターネットにストレスなくアクセスできることは，円滑に日常生活を過ごすためにはきわめて重要で必須ともいえる事項です。高齢者・障害者等配慮設計指針は，国内標準規格として**JIS X 8341 シリーズ**が整備されています。JIS X 8341 シリーズは，情報通信機器など，インタラクティブなシステムのアクセシビリティを確保するためには，機器をどのように設計すればよいのか，関連するする設計の指針・基準を提供するものです。この JIS X 8341 シリーズでは，七つのアクセシビリティ規格が刊行されています（**図 10.2**）。

JIS X 8341 シリーズの中で，特にインターネットアクセスに直接関わるアク

JIS X 8341 高齢者・障害者等配慮設計指針 シリーズ規格

JIS X 8341-1:2010　高齢者・障害者等配慮設計指針―情報通信における機器，ソフトウェア及びサービス―第1部：共通指針

JIS X 8341-2:2014　高齢者・障害者等配慮設計指針―情報通信における機器，ソフトウェア及びサービス―第2部：パーソナルコンピュータ

JIS X 8341-3:2016　高齢者・障害者等配慮設計指針―情報通信における機器，ソフトウェア及びサービス―第3部：ウェブコンテンツ

JIS X 8341-4:2018　高齢者・障害者等配慮設計指針―情報通信における機器，ソフトウェア及びサービス―第4部：電気通信機器

JIS X 8341-5:2006　高齢者・障害者等配慮設計指針―情報通信における機器，ソフトウェア及びサービス―第5部：事務機器

JIS X 8341-6:2013　高齢者・障害者等配慮設計指針―情報通信における機器，ソフトウェア及びサービス―第6部：対話ソフトウェア

JIS X 8341-7:2011　高齢者・障害者等配慮設計指針―情報通信における機器，ソフトウェア及びサービス―第7部：アクセシビリティ設定

図 10.2　高齢者·障害者等配慮設計指針（JIS X 8341）

セシビリティ規格はJIS X 8341-3（ウェブコンテンツ）です。JIS X 8341-3では，高齢者および障害のある人を含むすべての利用者が，使用している端末，Webブラウザ，支援技術などに関係なく利用することができるように，Webコンテンツが確保すべきアクセシビリティの基準について規定すると述べられています。Webコンテンツとは，支援技術を含むユーザエージェントによって利用者に提供されるあらゆるコンテンツを指します。例えば，インターネットまたはイントラネットを介して提供されるWebサイト，Webアプリケーション，Webシステムなどのコンテンツ，およびCD-ROMなどの記録媒体を介して配布される電子文書などです。JIS X 8341-3は2004年に制定され，2010年にはWeb技術の標準を策定する機関であるW3C（World Wide Web Consortium）が制定したアクセシビリティガイドラインWCAG2.0（Web Content Accessibility Guidelines）を包含するよう規格内容が改正されました。ただし，W3Cは国際標準機関ではありませんので，WCAG2.0は事実上の国際標準であったとはいえ，厳密には国際標準ではありませんでした。そして2012年に

なって国際標準機関である国際標準化機構（ISO）と国際電気標準会議（IEC）の合同委員会でWCAG2.0が国際標準「ISO/IEC 40500:2012」として承認されました。この動きを受けて，JIS X 8341-3:2016も2016年に改正を行い，技術的内容が国際標準ISO/IEC 40500:2012と一致する規格となりました。

図10.3は，JIS X 8341-3:2016の基本構成を示しています。この規格では，Webアクセシビリティの基礎となる四つの原則を提示し，その下に各原則を満たすための設計ガイドラインを合計12個提示しています。例えば，「1. 知覚可能の原則」の配下には，この原則を満たすための四つのガイドライン「1.1 代替テキストのガイドライン」，「1.2 時間依存メディアのガイドライン」，「1.3 適応可能のガイドライン」，「1.4 判別可能のガイドライン」が提示されています。そして，各ガイドラインの配下には，そのガイドラインを満たすための達成基準が「レベルA（最低レベル）」，「レベルAA」，「レベルAAA（最高レベル）」という三つの適合レベルとともに全部で61項目提示されています。この達成基準は，Webページの作成において対応すべき個別の要件を規

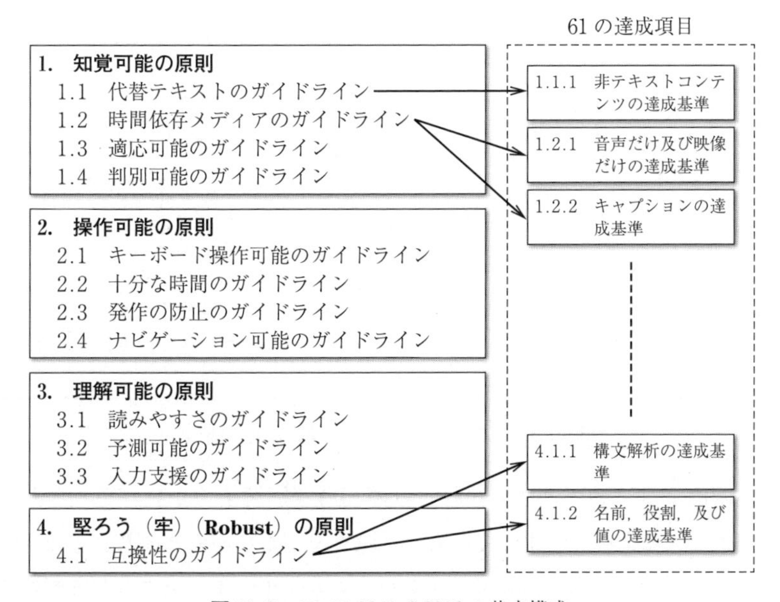

図10.3 JIS X 8341-3:2016の基本構成

定したもので，レベルAは25項目，レベルAAは13項目，レベルAAAは23項目で，合計61項目で構成されています。

例えば，**図10.4**は「1.　知覚可能の原則」と，それを満たすガイドライン「1.1　代替テキストのガイドライン」，さらに，このガイドラインのレベルAとしての達成基準「1.1.1　非テキストコンテンツの達成基準」の関係を示しています。そして，この規格の5章には，達成基準の適合を判断する基準が示されています。

1.　知覚可能の原則
情報及びユーザインタフェース コンポーネントは，利用者が知覚できる方法で利用者に提示可能でなければならない。

1.1　代替テキストのガイドライン
全ての非テキストコンテンツには，拡大印刷，点字，音声，シンボル，平易な言葉などの利用者が必要とする形式に変換できるように，代替テキストを提供する。
注記　関連文書：Understanding Guideline 1.1
（http://www.w3.org/TR/UNDERSTANDING-WCAG20/text-equiv.html）

1.1.1　非テキストコンテンツの達成基準
利用者に提示される全ての非テキストコンテンツには，同等の目的を果たす代替テキストが提供されている。ただし，次の場合は除く（レベルA）。
a) コントロール及び入力 非テキストコンテンツが，コントロール又は利用者の入力を受け付けるものであるとき，その目的を説明する名前（name）を提供している（コントロール及び利用者の入力を受け付けるコンテンツに関するその他の要件は，4.1参照。）。
b) 時間依存メディア 非テキストコンテンツが，時間に依存したメディアであるとき，代替テキストは，少なくとも，その非テキストコンテンツを識別できる説明を提供している（メディアに関するその他の要件は，1.2参照。）。
c) テスト 非テキストコンテンツが，テキストで提示されると無効になるテスト又は演習のとき，代替テキストは，少なくともその非テキストコンテンツを識別できる説明を提供している。
d) 感覚的 非テキストコンテンツが，特定の感覚的体験を創り出すことを主に意図しているとき，代替テキストは，少なくともその非テキストコンテンツを識別できる説明を提供している。
e) CAPTCHA 非テキストコンテンツが，コンピュータではなく人間がコンテンツにアクセスしていることを確認する目的で用いられているとき，代替テキストは，その非テキストコンテンツの目的を特定し，説明して，かつ，他の感覚による知覚に対応して出力するCAPTCHAの代替形式を提供することで，様々な障害に対応している。
f) 装飾，整形及び非表示 非テキストコンテンツが，純粋な装飾である場合，見た目の整形のためだけに用いられている場合，又は利用者に提供されるものではない場合，その非テキストコンテンツは，支援技術によって無視されるように実装されている。

図10.4　原則/ガイドライン/達成基準の関係

日本国内では，2016年4月1日より障害者差別解消法が施行されました。この法律は，障害をもつすべての人が，障害をもたない人と同じように生活ができるよう，障害を理由とする差別を禁止する法律です。障害者差別解消法では，差別を解消するための措置として「不当な差別的取扱いの禁止」と「合理的配慮の提供」を求めています。不当な差別的取扱いの禁止は，行政機関だけでなく民間事業者も法的義務を負います。インターネットが広く普及した現代社会において，Web サイトは多くの人にとって重要な情報源であり，障害者への合理的配慮として Web アクセシビリティが求められます。JIS 規格を含むさまざまな情報を活用しながら，高齢者・障害者などに配慮した Web サイトを設計することが必要となります。

11

CMC：コンピュータを介する コミュニケーション

コンピュータネットワークを介するコミュニケーション（CMC）は，現代の生活では欠かすことのできない重要な社会インフラです。CMCは，われわれに多大な利便性を提供しますが，その一方で多くのコミュニケーショントラブルを引き起こしています。この章では，CMCについて概説するとともに，コンピュータを介するコミュニケーションを支える技術とその特徴に触れ，CMCの課題についても説明します。

11章のキーワード：
CMC，CSCW，グループウェア，命題的知識，スキーマ，メンタルモデル，手掛かり情報，状況認知，選択的自己呈示，集団極性化現象，リスキーシフトとコーシャスシフト

11.1　CMCとCSCW

11.1.1　CMCとは？

CMC（computer mediated communication）はコンピュータを介するコミュニケーションを指し，例えば，メールやチャット，ブログ（Blog）やSNS，テレビ電話などによるコミュニケーションが該当します。CMCの概念が提案され始めた1990年代には，メールなどテキストメッセージといった文字ベースのコミュニケーションツールを用いるコミュニケーションを研究対象として扱っていました。一方，近年のコミュニケーションツールでは，扱うメディアに画像や映像が多く含まれるようになり，また，例えばチャットのような実時間性の高いCMCや，メールのような実時間性の高くないCMCなど，コミュニケーションの幅も広がっています。さらに，電子掲示板に代表されるオンラインコミュニティでのコミュニケーションも盛んに行われています。CMCはコンピュータネットワークを介するコミュニケーションなので，物理的には空間の制約がない，つまりどんなに離れた場所にいてもコミュニケーションできるという特徴があります。また，場合によっては，時間的な制約からも解放されるという特徴があります。CMCには，例えば，チャットやテレビ会議のように同時刻に相互コミュニケーションを行う「同期型CMC」と，例えばメールやブログなどのようにたがいに異なる時刻にコミュニケーションを行う「非同期型CMC」があります。CMCが提供する機能（仕組み）にはつぎのような特徴があります。

(1)　コミュニケーションが時間や空間に制約されない。

(2)　電子掲示板などに直接かつ自由（編集者が介在しない）に書込みできる。

(3)　メッセージが蓄積・共有される。

(4)　仮想空間上に多数のコミュニティを構築できる。

CMCはコンピュータを介するコミュニケーションなので，人とコンピュータの間には必ずヒューマンコンピュータインタラクション（HCI）が存在します。したがって，CMCの検討では，インタラクションとコミュニケーションの両方について理解する必要があります（**図11.1**）。

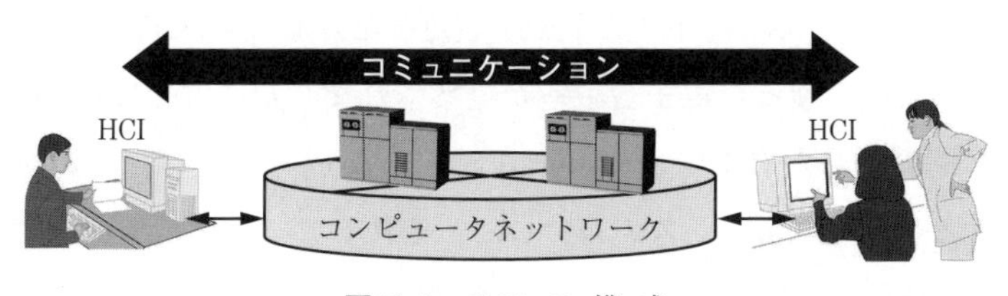

図11.1　CMC の 構 成

CMCで議論されるもう一つの重要な側面が，その使われ方です。CMC以前の世界では対面（face to face）コミュニケーションが基本だったので，CMCがどのように使われるのか，CMCによって人間のコミュニケーション行動がどのように変わるのか，CMCのメリット・デメリットはなにか，などの問題について，対面コミュニケーションとの比較という側面で研究されてきました。

CMCによって人と人とのコミュニケーション自体が変容するのか，変容するとすれば対面コミュニケーションとどのように異なるのか，といった研究が行われています。

11.1.2 CSCWとは？

CSCW（computer supported cooperative work）とは，人間の共同作業をコンピュータで支援する技術を指します。ネットワーク上で相互接続されたコンピュータを前提として，複数の人が協力し合いながら作業を進めるような活動を支援する仕組みを提供するのが，CSCWの目的です。CSCWは，前半部分のCS（computer support）と，後半部分のCW（cooperative work）を結合した単語です。前半のCSは，共同作業を支援するコンピュータシステムに関する技術を研究する分野，後半のCWは，人間による共同作業そのものに対する研究分野です。つまり，CSCWには，CSとCWという大きな2種類の研究があるということになります。特に，CSCWを目的として構築された個別のツールや情報システムを**グループウェア**（groupware）と呼んでいます。コンピュータを用いて協同作業を支援する仕組み，つまりグループウェアでは1980年代の終わりごろからさまざまなツールが提案されてきました。

初期のころには，ホワイトボードや紙を使った会議に代わり，大型ディスプレーや端末装置を使った電子会議室が提案されました。例えば，Xerox社で1987年に開発されたColab（collaboration laboratory）などは，いわゆるペーパーレス会議を実現するシステムでした。それまではホワイトボードと紙を使った会議が主流でしたが，Colabでは会議室中央に大型ディスプレーが設置され，参加者は机上に設置された端末装置で関連情報を確認しながら，大型ディスプレーを使って説明するプレゼンタの話を聴くスタイルです。会議参加者は手元の端末からコメントを打ち込むことで会議情報が電子的に共有されます。大型ディスプレーでプレゼンタが説明を行い，聴衆は各自の小型端末も併用するというコンセプトは，現代における大学のゼミや企業の会議で広く普及（使用する機材は違いますが）しているもので，Colabのコンセプトはその先駆けになったと考えられます。

また，1990 年前後には遠隔地間を結ぶさまざまなビデオ通話システムやマルチメディア会議システムが提案されます。ビデオ通話システムでは，遠隔地を結んでフォーマルな会議を行う他に，例えば Xerox PARC の Media Space (1993) や Bellcore の CRUISER（1988）のように，多地点間で映像回線をつなぎっ放しにすることで，オフィス相互に人の所在や動きなどインフォーマルな情報を共有し，たまたまそこにいる人との偶然の会話を演出するような試みがなされました。

さらに，コンピュータの操作情報も含めたマルチメディア情報を共有することで，遠隔地での共同作業を積極的に支援しようとするシステムが提案されました。例えば，**図 11.2** は NTT の石井 裕（現在は米国マサチューセッツ工科大学メディアラボ教授）らが開発した TeamWorkStation です。このシステムでは，遠隔地の作業者がサイバー空間上にある作業場（ワークスペース）を共有し，図面上にコメントを書き合う（オーバーレイ表示）といった機能を実現しました。

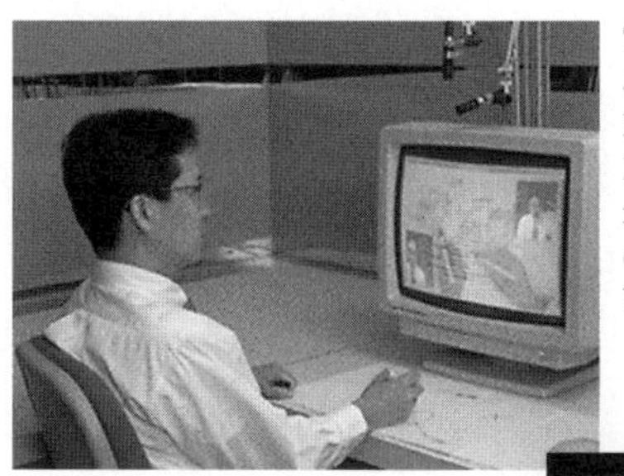

TeamWorkStation-2 (TWS-2) was designed to provide a shared workspace over narrowband ISDN (N-ISDN) Basic Rate Interface (2B+D) and the Primary Rate Interface (H1/D) using the CCITT H.261 standard of moving picture transmission. We chose N-ISDN, especially Basic Rate Interface as the target network because of its wide spread availability in Japan.

出典：http://web.media.mit.edu/~ishii/TWS.html

TeamWorkStation-2

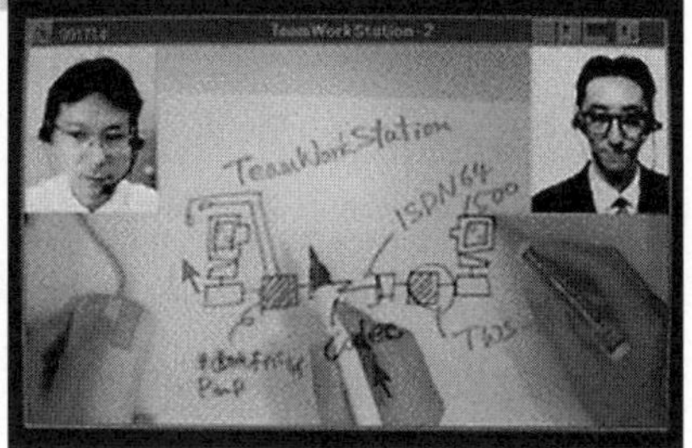

図 11.2　TeamWorkStation-2

このワークスペースの共有という発想はさらに拡張され，石井らは ClearBoard を提案しました。**図 11.3** は，ClearBoard-2 です。図に示したように，ClearBoard の発想は透明なガラスをワークスペースに見立て，これを挟んでたがいにアイコンタクトをとりながら共同作業を進めるというコンセプトでした。この透明なガラスを挟むという発想をコンピュータネットワーク上で実現したのが ClearBoard-2 です。

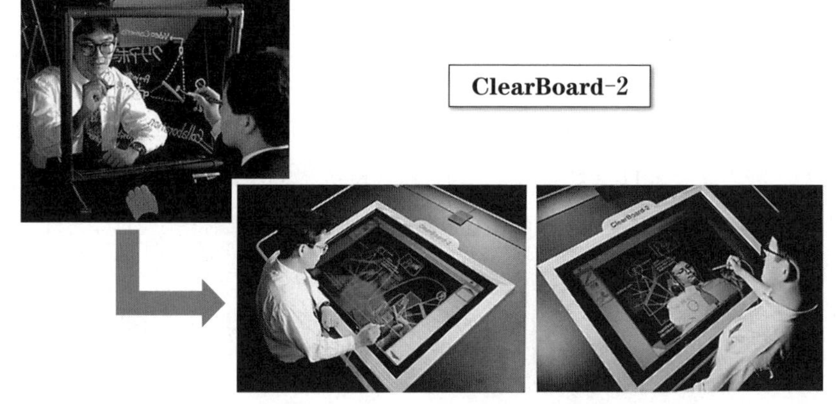

We found ClearBoard provides the capability we call "gaze awareness": the ability to monitor the direction of a partner's gaze and thus his or her focus of attention. A ClearBoard user can tell which screen objects the partner is gazing at during a conversation more easily and precisely than is possible in an ordinary meeting environment with a whiteboard.

出典：http://web.media.mit.edu/~ishii/CB.html

図 11.3　ClearBoard-2

このシステムでは，遠隔地にいる共同作業者が，たがいにガラスを挟んで向き合って作業するようなシームレスな環境を，コンピュータネットワークを用いて実現しています。多くの CSCW の研究やグループウェアの開発を通じてわかってきたことは，われわれ自身が人間同士のコミュニケーションをあまり理解していなかったことです。われわれが日々行っている対面コミュニケーションでは，どんな情報がやり取りされていて，その中でどの情報が重要なのか，どの情報が欠落するとコミュニケーションがうまくいかなくなるのか，制約の強いコミュニケーションツールを実際に使ってみて初めて気づくのです。われわれは，対面コミュニケーションを行う場合と，メールなどでテキストコミュニケーションを行う場合とでは，明らかに振舞いが異なります。対面コミュニケーションでは相手が自分に対して好意的なのか批判的なのか，われわれは無意識に相手の瞳孔の変化を追いますが，ビデオ会議ではその変化がわかりません。また，対面コミュニケーションでは話者交代のときにいちいち名乗ることはしませんが，ビデオ会議になった途端，話者が交代する度に同じ人が何度も名乗ります。さらに，ビデオ会議で回線遅延時間が長くなってくると，話速を落としたり，あるいは「○○さん，どうぞ」と相手を促したり，といったように話し方を無意識に変化させます。

したがって，有用なCSCWシステムの開発を進めるためには，人間がコミュニケーションツールを使用するときの認知的・社会的な性質，つまりコンピュータネットワークを介するコミュニケーションの心理的・社会的な振舞いであるCMCを深く理解する必要があるのです。

11.2 コミュニケーションにはレベルがある

11.2.1 日本語として正しいのに意味が通じない

メディアを介するコミュニケーションの難しさについて触れましたが，その典型ともいえるのが顧客とコールセンター（ヘルプデスク）との電話による会話です。多くの場合，顧客側は技術的なスキルが低く，オペレータ側は技術的なスキルが高いという，知識レベルの不均衡が存在するのが特徴です。

例えば，**図 11.4** は，コールセンターでの電話でのやり取りの例です。実をいうと，このやり取りの例は「知識レベルの不均衡が存在する」ために起こりそうな笑い話です。一見笑い話のような会話ですが，現場では実際に発生するのです。読者の皆さんは，もちろん「笑いどころ」がわかったと思いますが，日本語のやり取りとして見れば，文法が間違っているわけでもなく，使っている語彙も変ではありません。日本語の会話としては問題ないのに，意味が通じ

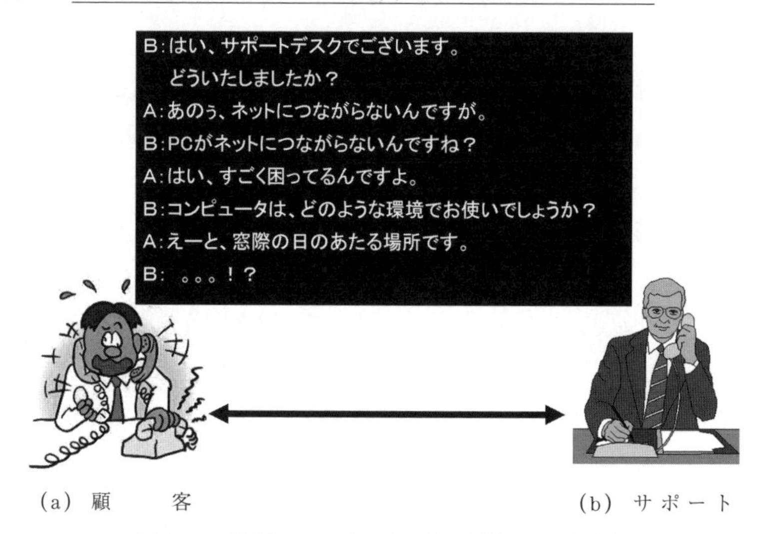

(a) 顧　客　　(b) サポート

図 11.4　顧客とコールセンターとの電話でのやり取り

ないのです。一般に，単語には意味が複数あり，どの意味をとるかは文脈によって変化します。例えば，「環境」という単語を Weblio 辞書で調べるとつぎのように説明されています。

【環境】かん きょう

① 取り囲んでいる周りの世界。人間や生物の周囲にあって，意識や行動の面でそれらとなんらかの相互作用を及ぼし合うもの。また，その外界の状態。自然環境の他に社会的，文化的な環境もある。「—が良い」，「—に左右される」，「家庭—」，「—破壊」

② 周囲の境界。まわり。

③ 動作中のコンピュータの状態。ハードウェア，ソフトウェア，ネットワークにより規定される。

例えば，友達と大自然を散策している文脈で「環境」という単語が出てくれば，その意味は①か②でしょう。しかし，コンピュータがネットワークにつながらないというコールセンターとのやり取りでは「環境」の意味は③なのです。このような問題への対処方法（ツール，メディア）は，人間のコミュニケーションを理解しなければ導出できません。

11.2.2　コミュニケーションのプロセス

図 11.5 は，コミュニケーションが成立するために必要な共有知識を示しています。この図において，ある時点での発信者は右側のヘルプデスク，受信者は左の顧客と仮定します。トラブル解決の第一歩として，ヘルプデスクは顧客宅の PC 周りの情報を収集する必要があります。ヘルプデスクはまず，ハードウェアや OS，ネットワークの種類などを特定しようという意図を形成します。このとき，ヘルプデスクは自分の意図を日本語という言語で記号化し，「環境」というメッセージを生成します。このメッセージを顧客に伝達する必要がありますが，コミュニケーションの伝達チャネルは電話ですので「音声」というメディアで自らのメッセージを表現します。この「環境」という音声信号は，電話というメディアを通じて顧客まで伝達されます。受信者としての顧客側では，音声信号で表現された「環境」という日本語メッセージを解読（復号化）します。そして，この「環境」という日本語メッセージによって発信者がどのような意味を伝達したかったのかが理解できれば，正常なコミュニケーションが達成されます。この例の場合には，受信者側で「環境」を解読する段階まで進んだ後，その意図を理解する段階で意味の取違いが発生したわけです。

コミュニケーションがうまくいかない原因は，図のプロセスのどこかで不具合が発生するからですが，認知的な側面で発生する不具合として，話者間相互

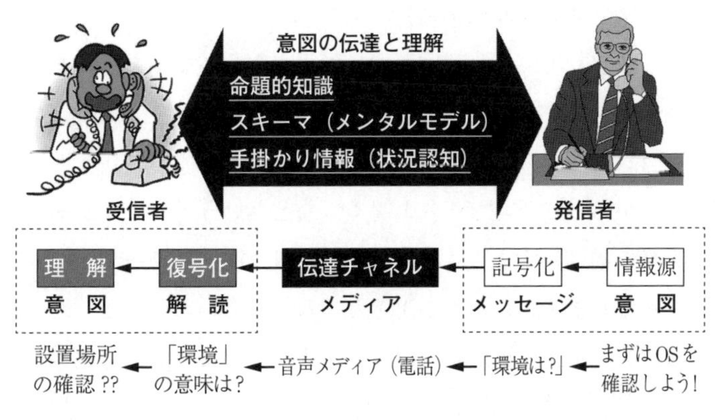

図 11.5　コミュニケーションが成立するために必要な共有知識

で知識の共有が不十分なことがあります。この共有すべき知識として，(1) **命題的知識**，(2) **スキーマ（メンタルモデル）**，(3) **手掛かり情報（状況認知）**，の3種類があります。

11.3　コミュニケーションが成立するために必要な知識共有

(1)　**命題的知識**：

意図を**記号化**（encode）し，**復号化**（decode）するルールに関する知識です。命題的知識の代表的な例として，言語があります。例えば，日本語と英語では語彙も文法もまったく異なります。したがって，日本語を話す話者と英語を話す話者がコミュニケーションしようとしても，命題的知識が共有されていないため，たがいに意図を記号化したり復号化したりできずコミュニケーションは成立しません。同じ日本語であっても，強い方言などにより記号レベルでの命題的知識が共有できなければコミュニケーションは成立しません。例えば,「んがどごなんぼさがしたどおもってぇ？」は日本語ですが，東北地方の方言で記号化されているため，このルールに関する命題的知識をもたない読者にとって文の意味（あなたを，どれだけ探したと思っているの？/秋田弁）を解読することは困難でしょう。

(2)　**スキーマ（メンタルモデル）**：

認知心理学で用いられる言葉で，外界から入ってきた情報をひとまとまりの概念として体制化するための枠組み（構造化された知識）です。例えば，「ねこ」という概念には，丸い顔と長いひげがあり，手足が4本で長い尻尾（しっぽ）があって「ニャー」と鳴く，などというイメージがあると思います。実際の猫は，大きさも，顔の形も，毛の色も，鳴き方も，性格も，1匹ずつ異なります。しかし，漠然と「ねこ」といわれると，たくさんの猫の公約数的なイメージが思い浮かびます。このような構造化された知識がスキーマです。同じように,「自動販売機でジュースを買う」といわれたら，読者の皆さんはどのような操作の手順を思い浮かべるでしょうか。

販売機の上段にはジュースのサンプルが並び，中断にコインの投入口があり，下段にジュースの取出し口があって，コインを投入してからサンプル近傍のボタンを押すと所望するジュースが下段の取出し口にゴトンと落ちてきて，ジュースの購入が完了する，といったイメージがあると思います。操作の手順や行動パターンなど，時系列を含む知識を**メンタルモデル**と呼んでいます。

図 11.4 で示したコミュニケーションの例では，ヘルプデスクと顧客でスキーマが違っていたために，たがいに「環境」という同一の言葉を用いながらも異なる概念として認知しました。このため，コミュニケーションが成立しなかったと解釈できます。つまり，技術的スキルが高いヘルプデスクの「当り前」は，技術的スキルが低い顧客にとって「当り前」ではないということです。このようなすれ違いは，日常生活でもよく起こります。お笑い漫才やコントなどでも，突っ込み役が提示したキーワードに対し，呆(ぼ)け役がわざと別のスキーマを当てはめることですれ違いを演出し，笑いをとるといったことがよく行われます。

(3) **手掛かり情報**（**状況認知**）:

メッセージ文の中では明示されないものの，メッセージを理解するために必要となる非明示的な情報です。コミュニケーションにおいては，自分や相手の**状況認知**（situation awareness）に関わる情報が手掛かり情報に該当します。例えば，電話で会話しているとき「これ面白い形だよね」といわれても，電話の相手には話題となっている対象物が見えませんので相手の状況がわからず，「これ面白い形だよね」というメッセージの正しい意味を理解することはできません。実際，電話での会話において指示代名詞を多用する人は少なくありませんが，多くの場合，状況認知が欠落しているために発信者の意図が受信者に理解されません。発信者自身は，「自分が見えているのだから，相手にも見えているはず」という暗黙の思い込みで話をしているため，他者からの指摘を受けなければ状況認知が共有されていないことになかなか気づきません。対面コミュニケーションでは，話題の対象となっているもの以外にも，例えば，相手のしぐさ，表情，視線の動き，その他の対話環境に関わる情報（例えば，救急車の音，焼き魚の匂い，蝉の声，他）など，非常に多くの情報を共有しながら会話を進めます。そのため，例えば，唐突に魚料理の話題を持ち出されたとしても，「焼き魚の匂い」という状況認知を共有していれば聞き手は唐突さを感じませんが，そうでない場合には話し手のほうから「... 実は，いま焼き魚のよい匂いがしてきてさぁ...」などと状況を説明する必要に迫られるわけです。

特に，CMCのようなメディアを介するコミュニケーションでは，状況認知に関わる手掛かり情報が大きく欠落する場合が多く，そのような状況認知の欠落を補うために，メディア技術を駆使する必要があるのです。

11.4 コンピュータを介するコミュニケーションの特徴と課題

CMCでは，話者の非言語的な情報や周囲の環境に関わる情報など，状況認知の共有が不十分になる傾向があることを説明しました。そのような傾向を前提とした場合，コンピュータを介するコミュニケーションにはどのような特徴があるのでしょうか。特に，メールやチャットなどのテキストコミュニケーションは現在でも最も多く用いられるコミュニケーションツールですが，テキストコミュニケーションのメリット/デメリットについては，初期のCMC研究でさまざまな知見が得られています。テキストコミュニケーションの特徴は，伝達される情報のほとんどがテキストで表現された言語情報であることです。SNSのチャットツールにはスタンプ（アニメを含め）で画像を伝達する機能はありますが，大半の情報はテキストなので非言語情報はほぼ伝わりません。

テキストコミュニケーションに関する1980年代の研究によれば，CMCでは対話相手の印象が非人間的になりやすい，やり取りされる話題が課題志向になりやすい，脱個人化しやすいなどのネガティブな側面に関する現象が明らかにされました。しかし，1990年代の研究では，CMCでは集団アイデンテイティが顕現化しやすい，自分が望んだとおりの姿を演じる**選択的自己呈示**（selective self presentation）が可能でたがいの好意が高まりやすい，CMC上での自己開示が高い満足感を生むなどの特徴も明らかとなってきました。また，対面コミュニケーションでは話者への親しみや活発さを感じやすく，同時に，軽薄さといった印象も伝わりやすいことがわかっています。特に，対面コミュニケーションでは話者からのネガティブな非言語的メッセージが聴者に強く伝わり，話者への強い不快感情や敵意が喚起されますが，ポジティブな非言語メッセージはCMCと同等程度の反応しか喚起しないことが示唆されています。つまり，メッセージ伝達の感度（強度）が，その背景にある感情の種類によって変化する可能性があるということです。

一方，CMCでは他者から受ける緊張感や圧迫感といった対人不安の知覚レベルは低下しますが，他者認知の希薄化によって議論の非現実化が促進され**集団極性化現象**（group polarization）が起こることが示唆されています。集団極性化現象とは，集団で意思決定を行う場合，個々人の当初の判断や行動傾向，感情などが，集団での議論を通じて極端な方向に偏ってしまう現象です。この偏りには，危険な方向に偏る**リスキーシフト**と慎重すぎる方向に偏る**コーシャスシフト**の2方向があります。リスキーシフトの事例として，第二次大戦中の日本陸軍内での無謀と思える作戦や，アメリカのジョンソン大統領のベトナム戦争実施判断などが例として挙げられます。コーシャスシフトの事例も，大企業内での意思決定などで頻繁に見られます。いわゆるワンマン社長が経営する企業では，社長個人の判断が優先されてリスクをとる判断がなされますが，会議で意思決定するような大企業の場合，当初はリスクをとるような大胆な企画が起案されたとしてもさまざまな会議を重ねていく度に慎重な意見（責任を回避したい）が出され，最終的には当初企画から「チャレンジ」の部分が欠落して「現状維持」に近い企画に変わってしまうような現象です。

インターネット上のコミュニケーションで集団極性化現象が頻繁に発生する理由の一つが，コミュニティ内での同調圧力です。ネット上のコミュニティには価値観の近い人が集まっており，コミュニティ外では合理的と判断される意見であっても，コミュニティ内で多数派と異なる意見を述べるとすぐに攻撃の対象となってしまうという圧力があります。また，コミュニティ内に絶対的なリーダが存在する場合には，そのリーダの意向に沿わない発言をすれば，発言者が攻撃対象にされるという圧力が存在します。インターネットは，同じ価値観をもつ人が短時間のうちに簡単に結び付いて広がるという特性（サイバーカスケード現象）があるので，集団極性化現象には留意する必要があります。

健全なCMCに求められるのは多様性の受容です。コンピュータとネットワークに関わる高度な技術が発達したことで，きわめて多くの人たちが，きわめて短時間でつながり，時空間を超えたコミュニティをつくるようになりました。一方，人間は太古の時代からつづく生き物であり，摂食行動，攻撃と逃避行動，生殖行動，縄張行動，群れ行動という，生き物としての基本原理（本能的な行動）に支配されながら日々生きています。われわれ人間は，太古という時代には，排他的なコミュニティを形成することによって集団の生活圏内にある限られた資源を獲得するという意味で，本能的行動に助けられて生き延びてきました。しかし，これほどまでに高度な技術が発達したグローバルな現代において，本能的行動規範に従って排他的なコミュニティを形成していけば，世界中に大規模な排他的集団がいくつも形成され，たがいに敵対してなにかちょっとしたきっかけがあれば実世界での物理的な衝突につながっていくこともありえるでしょう。実際に，CMCを介して恣意的に偏った情報（あるいは誤った情報）がネットワーク上で拡散され，その結果，さまざまな分断や軋轢，衝突が現実の物理世界で起こっています。

コンピュータ技術という，ここ100年間で構築した近代文明は250万年という人類進化の速度に比べればあまりにも急速な進展であり，脳の器質的な進化（本能レベルでの進化）は追い付いてきません。特に，攻撃行動は大脳辺縁系の扁桃体で制御されますが，恐怖感情もここで制御されます。このような脳の本能的な仕組みは，太古の時代に捕食者から素早く逃れ，集団で生き延びるためには非常に有効に機能しました。一瞬を争う逃避行動では，「理性（思考）」

で時間をかけて判断するよりも「本能（感情）」で反射的に行動したほうが生存確率が高まるので，脳内では恐怖といった感情（本能）が発動されると思考（理性）にはストップがかかる仕組みになっているのです。しかしながら，肉食獣からの被食の可能性がほぼなくなった現代社会において，恐怖と攻撃のような本能（感情）で理性（思考）が止まるような仕組みは，メリットよりもデメリットが際立ち，それは過剰な分断や対立にもつながっていきます。

いま，われわれの文明に求められるのは，太古の脳から脱却する知恵かもしれません。CMCにおいては，恐怖や敵意といった，極端な行動につながりやすいネガティブな情動を緩和するようなコミュニケーション支援が求められます。少数派の意見を切り捨てず，過剰な同調圧力を軽減しつつ，理性的で多様な対話を可能にするようなコミュニケーション支援システムです。われわれ自身に備わっている，逃れようのない本能的な特性をしっかりと理解した上で，多数派の価値だけではない多くの価値を相互に共有し，多くの人が相互に理解し合えるようなシステムづくりが必要です。そのためには，CMCの社会学的，心理学的な研究を深めるとともに，それらの知見に基づいて技術開発を進めていくことが重要です。

12

行　動　計　測

この章では，インタラクションの評価技術の一つとして，行動計測について解説します。行動計測にはさまざまな観点がありますが，ここではインタラクションの分析でよく用いられる，自然観察，行動履歴分析，エスノグラフィー，日記法，言語プロトコル分析，談話分析について概説を行います。

12 章のキーワード：

観察法，自然観察法と実験観察法，行動履歴分析，購買行動分析，ログ分析，エスノグラフィー，フライオンザウォール，シャドーイング，日記法，エティック分析，エミック分析，プロトコル分析，談話分析，対人言語運用分析，談話構造分析

12.1　人間の行動計測

科学の基本は，客観的な観察にあります。自然現象を客観的に観察し，そこに規則性を見出すことから自然科学は始まります。人間を知るのも同様で，まずは人間を観察することが重要です。人間の行動計測では，人間の行動を客観的に観察してデータを取得し，さらに取得したデータの背景にどのような心の動きが存在したのか，行動の背景となっている心の内面を探ることで，行動とその背景にある心理的要素との因果関係や規則性などを理解することを目的とします。ユーザがなにを求めているのかを調査する代表的な方法として，インタビューやアンケートが知られていますが，インタビューで得た内容とユーザの実際の行動とは必ずしも一致しません。例えば，報酬を与えられた調査協力者が対象となる機器を操作して「使いやすい」といったとしても，その行動を客観的に観察すると，操作ミスが多かったり操作の途中で戸惑ったりすることがあります。あるいは，行動計測データから本人も気づかない潜在的なニーズを引き出すことができる場合もあるのです。例えば，汗をぬぐったりため息をついたりなど，無意識の行動をきっかけとして作業負担やユーザの潜在的な要求がわかる場合もあります。行動計測で重要なことは，取得したデータの信頼性が担保できるようデータ取得の環境を統制する，あるいはデータを取得した条件や周囲状況も含めてできるかぎり詳細に記録をとることです。

12.2 自 然 観 察 法

観察法とは，人間の行動を観察してデータ化し，その行動の特徴や規則性，その行動がなにをきっかけに，なぜ起こったのかなどについて分析する方法です。観察法には，**自然観察法**と**実験観察法**があります。自然観察法は，対象者の行動に操作を加えず，ありのままの行動を観察する方法です。実験観察法は，被験者を実験室に招き，条件統制を加えて被験者の行動や発話，生理データなどを取得する方法で，主に仮説検証することが目的です。

自然観察法は，現場におけるユーザのありのままの行動を観察によって把握する方法です。実験室という現実感を伴わない非日常的な環境ではなく，現実環境の中でのユーザの行動を把握（観察）することが大切です。現実環境におけるユーザの行動を観察し，現場でのインタビュー調査などを行ってデータとして記録・分析し，ユーザの行動パターンとその背後にある心理的要因との因果関係を理解します。自然観察法では，観察者がなにを見たかがそのままデータ化されるため，そのデータは観察者の主観（価値観）による影響を強く受けます。そのような影響を避けるためには，複数の調査者担当者で調査を行う必要があります。

(1)　**行動観察の事例—ATMの利用**：

例えば，銀行で**ATM**（automatic teller machine）装置を使わずもっぱら窓口を使用している高齢者にATMを使わない理由を尋ねてみると，ATM装置のユーザインタフェースに問題があるわけではなく，自分の後ろに長い行列ができる（加齢に伴って動作が緩慢であることを自分でも自覚しており，行列が長いと負い目がある）ことによる社会的ストレスを回避するために窓口を使っていた，というようなことは現場での行動を観察して初めてわかることであり，実験室ではなかなか知ることができません。

(2)　**行動観察の事例—書店のレイアウト**：

書店のレイアウトに関する事例で，行動観察を武器にビジネスを活性化するコンサルを展開する大阪ガス行動観察研究所の例があります。書店での新書売上げの低迷の原因を行動観察によって分析し，店舗を改装して売上げを伸ばした例です。行動観察でわかったことは，店舗内には多くの人がいるものの通り道として使う非購買客が多い，立ち止まる客にとって平積みの書籍は高さが低すぎる（身をかがめている），棚に並ぶ新書はタイトル文字が小さく題名の視認性が低い，購入客は試し読みする傾向がある，試し読み客は平積み棚に膝を持たれかける，などでした。この分析結果に基づき書店内の改装に踏み切った結果，新書の売上げが大幅に上昇しました。この事例でも，実験室では知ることのできない情報が多く含まれています。

(3)　**行動観察の事例—つり革の輪面の向き**：

現場に足を運び，現在進行形で行動を観察しなくても，行動の痕跡から情報を得られる場合もあります。例えば，電車のつり革を設置する場合，輪面の向きは窓に平行にするのがよいか，あるいは窓に垂直にするのがよいか。電車に乗ってつり革を見ると，ねじれが残っている場合があります。このような観察によっても，顧客がどのような行動をとっているのかを観察することが可能です。

12.3　行動履歴分析（購買行動分析）

行動履歴分析とは，人間の行動履歴を蓄積して行動のパターンを分析する方法です。行動履歴分析としては，店舗内での人の歩行履歴を分析する**購買行動分析**やWebサイトのアクセス履歴を分析する**ログ分析**などが利用されています。店舗内での行動履歴分析では，売り場に設置されたカメラを用いて人の移動履歴を分析し，店舗内での人の流れ，店舗内の特定の場所における人の滞留時間などを分析します。カメラ映像から人物を特定しPOS（point of sales system）データと組み合わせて分析すれば，その人物がどの店舗を訪問し，なにを購入したか，店舗にはどの程度の頻度で来店するか，購入者と非購入者では購買行動にどのような差があるかなど，多くの情報を得ることができます。さらに，カメラ映像から人物の年齢や性別を特定し，感情推定なども併用することで，詳細なマーケティングに応用することが可能です。

一方，Webサイトのアクセスデータを蓄積し，サイト訪問者の行動履歴を分析するマーケティングも多く行われています。Webサイトにアクセスすると，訪問者のIPアドレス，アクセス日時，訪問者のOSやWebブラウザなどの情報が収集されます。多数のデータを記録・蓄積することによって顧客のマクロな特徴分析も可能となります。Webマーケティングで利用されるアクセス履歴は，ユーザ属性（性別，年齢，興味関心，地域など），ユーザの流入経路（検索，広告，外部リンクなど），ユーザの滞在時間，よく見られるページ，ユーザが離脱したページ，コンバージョン（商品購入や資料請求など）情報などです。

使いにくいWebサイトからは多くのユーザが無言で離脱していきます。ネット検索すれば同類のWebサイトを簡単に検索できますので，ネガティブな理由で離脱したユーザは，そのサイトには戻らない可能性が高いといわれています。企業のWebサイトでの**顧客体験**（customer experience，**CX**）を向上させることが，企業にとってプラスに作用するわけです。

12.4　エスノグラフィー

エスノグラフィー（ethnography）とは，文化人類学，社会学，心理学で使われてきた調査・研究手法の一つで，フィールドワークともいわれている方法です。もともとは，対象となる部族や民族の文化的な特徴や日常のありのままの行動様式を，現地に入り込んで詳細に調査・記述する方法でした。このエスノグラフィーで用いる調査方法をビジネスシーンに適用し，生活者の理解に役立てようとする取組みが活発に行われるようになりました。この方法では，生活者（調査対象者）の日常に埋め込まれた行動を観察するのが目的なので，実際の生活の場で活動する様子を調査するのがポイントです。エスノグラフィーでは，調査者が対象者の生活圏に入り込んで対象者の日常を直接観察する方法（参与観察）や，対象者の生活環境内にビデオカメラや音響機材を設置してそれらのデータに基づいて分析（インタビューなど）を実施する方法があります。

いずれにせよ，エスノグラフィーは机上で検討した仮説を検証するのではなく，「生活の現場でなにが起こっているのか」というように，仮説（問い）そのものを見つけ出すことが本来の狙いであり，日常生活という現場に埋め込まれたユーザの行動を阻害せずに，いかに詳細な観察データを集められるかがポイントになります。通常，エスノグラフィーでは量的な分析は行いません。

エスノグラフィーを実施する場合，つぎの流れに沿って実施します。

(1)　**テーマと大まかな調査項目を設定**：

観察を始める前準備として，調査テーマとその目的を決め，調査対象となるフィールド（場所，季節や時間帯，イベントなど）を選定します。あらかじめ大まかな仮説を設定する場合と，仮説を設定できない場合があります。見たこと聞いたことをすべて記録するのがこの調査の特徴なので，記述の自由度が高いフィールドを用意します。

(2)　**行 動 観 察**：

調査対象者に目線を合わせて行動を観察します。調査対象者と同じ視点で体験を共有することが重要です。行動観察を実施する手法として，フィールド内の特定の場所に留まって定点観測する「**フライオンザウォール**」と，気になった人に影のようについて回る「**シャドーイング**」があります。いずれの場合も，調査者自身がフィールドの違和感にならないよう気を配ることが重要です。必要に応じて聞取り調査を実施し，調査データの信頼性を高めます。

(3) **デブリーフィング**：

観察で一定時間経過した後（あるいは観察終了後）に，デブリーフィング（簡単なミーティング）を行います。ここでは，フィールドで気になった事柄や調査者相互に関連しそうな事実などについて，チーム内で情報交換を行います。デブリーフィングを通じて調査者相互の考察が深まります。

(4) **データの分析**：

エスノグラフィーで収集するデータは，時々刻々と発生するでき事の描写です。取得したデータに基づいて，その背景にある人間の行動を解釈します。通常，量的なデータ分析は行いません。

エスノグラフィーで取得したデータに基づき，組織や業務の課題を可視化する，あるいは対象者の実生活の中での消費行動を分析することによって潜在需要を掘り起こし，新しい製品開発に役立てる事例も報告されています。

12.5 日　　記　　法

日記法とは，対象となる製品やサービスに関する日々の利用状況について，なにを行って，どう感じたかなどを，一定期間（数週間～数年までさまざま），指定されたフォーマットで記録してもらう方法です。日記法は，日常の文脈に埋め込まれたユーザの行動とその背景となっている心理要因を抽出する方法です。日記を分析することで，製品やサービスの利用に関わるユーザの行動や心理を抽出します（**図 12.1**）。

日記法でデータ収集する場合のポイントは，つぎのとおりです。

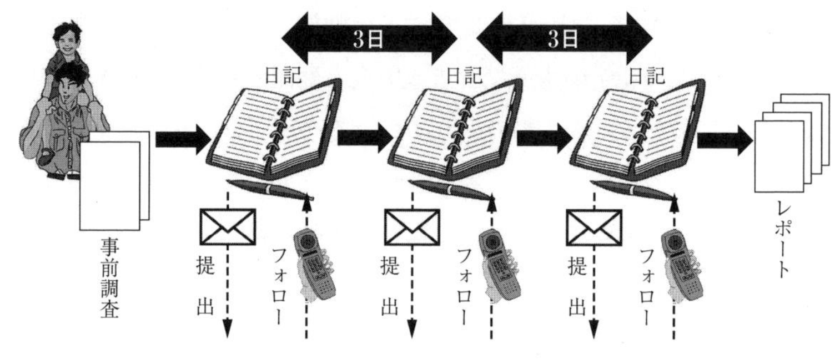

図 12.1　日記法によるユーザ調査

(1)　調査テーマ（目的）を明確に絞り込む：

日記法では，どの製品/サービスのどの側面について調査したいのかを明確にし，関連する項目を漏れなく記述してもらうための綿密な計画が必要です。

(2)　日記の記述内容を（漏れなく）詳細に決める：

日記法では，調査者が参与観察するわけではないため，協力者の中には，面倒くさいといった理由で詳細を記述しない，都合が悪いことは書かないなど，記述内容にばらつきを生じる場合が少なくありません。また，日記法は長期間の継続的な調査となるため，協力者が調査内容から離脱してしまう可能性もあります。したがって，日記の書式は，記述内容に漏れが生じないよう詳細に決める必要があります。

(3)　日々の日記に対して細かくフォローする：

データ取得を全面的に協力者に任せる日記法では，調査を丸投げせず定期的（決まった日時）に日記内容に関する報告を受け，記述内容について話し合うなど，調査協力者へのフォローが必要です。また，調査終了後には，日記とは別の方法で多面的に情報を取得するフォローインタビューを行います。

(4)　データ分析：

インタビューなどのデータを分析する方法として，エティック分析とエミック分析があります。

・**エティック**（etic）**分析**：　あらかじめ分析の枠組みを決めておき，取得したデータをその枠組みに沿って分類・集計する方法です。例えば，製品の不満に関するデータを収集するとき，データをあらかじめ決められた枠に当てはめていき，不満の数を集計するなどの方法です。

・**エミック**（emic）**分析**：　あらかじめ枠を決めずに，逐次，調査で取得したデータをグルーピングしながら枠組みを構築していく方法です。例えば，製品の不満に関するデータを集めながら，分析者がデータをグルーピングしていき，その都度グループへの意味づけを行って，どのような不満が存在するのかをダイナミックに分析する方法です。

12.6　言語プロトコル分析

プロトコル分析（protocol analysis）とは，観察対象者により言語として発話されたプロトコルデータの詳細な分析を通じて，対象者の内的認知過程を分析する認知心理学の方法です。したがって，この方法では協力者に対し，考えていることすべてを話す**思考発話法**（thinking aloud）を実施してもらう必要があります。思考発話法は，作業の最中に思ったことを進行形で話してもらうことに特徴があり，作業終了後に実施するインタビュー（作業を思い出して話す）とは質的に異なる点に注意する必要があります。

プロトコル分析法を実施する上でのポイントは，つぎのとおりです。

(1)　実施方法の教示と練習：

思考発話法は，事前に練習しなければ円滑な発話ができません。実験者が協力者に対して「考えていることをすべて話しながら機器操作を行ってください。」と教示した後，実験内容とは無関係の簡単な例題を設定して思考発話を実施してもらいます。

(2)　タスクと思考発話の実施：

被験者に調査したいタスクを与え，それを思考発話を行いながら実施するよう指示を出します。協力者は機器操作を行いながら，その都度考えたことや感じたことを発話しますので，そのときの様子を記録（録画・録音）します。同時に，機器やシステムの操作履歴を取得しておくと，実験後のデータ分析で役立ちます。

(3)　発話内容の書起しと分析：

評価者は，実験中に記録した発話内容を文章として書き起こします。発話内容の書起しでは，文の要点のみならず「えー」，「あのー」，「まぁ」などのフィラーや言いよどみも含めてすべてテキスト化することが重要です。反応の遅延，言いよどみ，フィラーなどには話者の心理要因が反映されています。

言語プロトコル分析法では，比較的簡単に実験を実施できますが，ポイントは協力者がしっかりと思考発話法を実施できるかどうかにあります。思考発話法をやりやすくするため，つぎに示すような工夫をする場合があります。

① 親密な２人による評価：仲がよい友達同士で被験者になってもらう。

② 評価者による質問：実験中に評価者が要所要所で質問する。

12.7　談　話　分　析

談話分析とは，発話内容に含まれる談話（文脈をもったまとまり）の構成要素や，談話展開に現れる対人的な言語運用を分析する方法です。談話分析には大きく分けて二つの分野があります。一つは，**対人言語運用分析**で，人間が言語を使ってどのような対人的な行動をとるのかを分析する分野です。もう一つは，**談話構造分析**で，談話に出現する文や語がどのように組み合わされているのかその構造を分析する分野です。談話を分析することで，ユーザの日常行動に埋め込まれた心理状態を抽出することが可能になります。

談話分析を行う上でのポイントは，つぎに示すとおりです。

(1)　協力者のリクルートと会話の設定：

まずは実験協力者を集め，想定したシナリオに沿って会話を演じてもらう「疑似談話」にするか，あるいは自然の成行きで会話を行ってもらう

「自然談話」にするかを，目的に合わせて決定します。その後，話題を決定します。

(2)　データ収集：

談話分析では，映像記録または音声記録機材を用いて被験者が会話で実際に使った言葉を記録します。そして，談話の中に見られる傾向や規則性を見つけ出します。談話分析では，事後インタビューで発話内容を振り返るのではなく，進行形でありのままを記録することが重要です。また，言語的内容のみならず，発話時のイントネーション，ポーズ（しぐさ），話者交替の順番，話者交替潜時（交替に要する時間）など，非言語情報も広く収集することが重要です。

(3)　データ分析：

データ分析では，実際の発話データからさまざまな行動要素を抽出して記号化し，話者の意図や対人的ストラテジ（方略）を推定します。話者間での言葉のやり取り，発話時のイントネーション，ポーズ（しぐさ），話者交替の順番，話者交替潜時（交替に要する時間），その他の発生頻度やタイミングなどを詳細に分析していきます。

談話を発話の目的別に分析する場合，発話カテゴリーの記号例として，「依頼 = Request」，「拒否 = Refusal」，「謝罪 = Apology」，「勧誘 = Invitation」，「主張 = Assertion」とした例があります。

表 12.1 は，発話時の非言語情報に着目して，発話行為を「笑い」，「中断」，

表 12.1　談話分析における書起し記号の例

対話要素	記　号	コメント
笑　い	@	笑いの長さを@の数で表現
中　断	&	割込みによる中断
語尾上昇	↑	
語尾下降	↓	
沈　黙	＜7＞	数値は（秒）
非言語行為	{行為}	{あいずち} など

「語尾上昇」,「語尾下降」,「沈黙」,「非言語行為」に分類し，記号を割り当てた例です。このように，談話のなにに着目するかは，調査の目的に合わせて決定します。

13

ユーザビリティ（UI）と
ユーザエクスペリエンス（UX）

この章では，ユーザビリティ（UI）とユーザエクスペリエンス（UX）について説明します。この二つの概念の間にはどのような違いがあるのか，またユーザビリティやユーザエクスペリエンスは実効的な意味をもつのかについて，事例を交えて説明します。また，ユーザビリティやユーザエクスペリエンスを評価する方法にも触れます。

13 章のキーワード：

ユーザビリティ評価，ヒューリスティック評価，専門家による評価，ユーザテスト，チェックリスト，タスク分析，システムユーザビリティスケール，インスペクション評価，コグニティブウォークスルー，観察法，ユーザテスト，パフォーマンス評価，プロトコル分析，アンケート，グループインタビュー，ユーザエクスペリエンス

13.1　ユーザビリティとはどのような意味をもつのか？

ユーザビリティの定義については9章で触れましたが，概要はつぎのとおりでした。

ユーザビリティ：　特定のユーザが特定の利用状況において，システム，製品又はサービスを利用する際に，効果，効率及び満足を伴って特定の目標を達成する度合い。

注記1　“特定の”ユーザ，目標及び利用状況とは，ユーザビリティを考慮する際のユーザ，目標及び利用状況の特定の組合せである。

注記2　“ユーザビリティ”という言葉は，ユーザビリティ専門知識，ユーザビリティ専門家，ユーザビリティエンジニアリング，ユーザビリティ手法，ユーザビリティ評価など，ユーザビリティに寄与する設計に関する知識，能力，活動などを表す修飾語としても用いる。

この節では，このユーザビリティにはどのような意味があるのか，いくつかの事例を通して考えてみましょう。

13.1.1　ユーザビリティは「総論賛成・各論反対」の世界？

「機器やサービスは，使いやすいほうがよいのか，それとも使いにくくてもよいのか？」と聞かれたら，「使いにくくてもよい」と答える人はいないでしょう。これは，機器やサービスの設計・開発を担当するエンジニアでも，開発された製品を購入する顧客でも反応は同じでしょう。つまりユーザビリティは「総論賛成」の世界です。一方，開発の現場ではつぎのような議論がよくあります。「そりゃ使いやすいほうがよいと思うけど，そんな些末（さまつ）な問題だったら特に時間をかけて検討する必要はないでしょう。そもそもユーザが機器の設計どおりに使っていれば，ちゃんと使えるはずなんだから。」，あるいは「ユーザビリティが重要なのはわかるけど，それが売上げにどの程度反映されるの？」などです。

ユーザビリティに関する議論ではほぼ全員が「総論賛成」の立場をとりますが，自分が関わる機器の開発判断という立場に立つと「ユーザビリティにコストをかける意味は本当にあるのか？」と「各論反対」になってしまいます。つまり，ユーザビリティは「総論賛成・各論反対」[†]が根強い世界なのです。「ユーザビリティ」はスローガンとしてはよくても，実質的な意味をもたないのでしょうか？

13.1.2　優良企業の事業戦略では「便利」と「使いやすさ」がキーワード

すでに8章で触れましたが，タリーズが1981年に行った4種類の画面設計案による実験では，画面設計によって最大35%もの作業効率の差が生じるこ

[†] 提示された方針には賛成するのに，方針を具体化する段階になると反対するような行動。

とがわかりました。これは，監視・制御業務で必要な人件費が35%削減できる可能性を示しており，企業などにとって非常に大きな効果です。タリーズが実験を行った1981年ごろは，大学や企業では大型のメインフレームコンピュータをタイムシェアリングで使うスタイルが主流でしたが，その一方では16ビットマイクロプロセッサが開発され，パソコンがビジネスでも使われ始めた時代でした。これより少し前の1977年，いまや世界の誰もが知るアップル社が創業されました。いまや世界のトップ企業になったアップル社ですが，アップル社をここまで押し上げた創業者の一人がスティーブ・ジョブズ（Steven Paul Jobs）であることは読者の多くが知っていることでしょう。

★このキーワードで検索してみよう！

2007年マックワールド
ジョブズ講演

「2007年マックワールドジョブズ講演」で検索すると講演映像もヒットして，初代iPhoneを発表した当時の雰囲気が伝わってきます。

ジョブズは，2007年1月9日にサンフランシスコで開催されたMacworldで，初代iPhoneを発表しました。ジョブズは，その講演の中で「スマートフォンとはなにか？ 一般的には電話とメールとネット，そしてキーボード。しかしこれらはあまりスマートではない。そして使いにくい。スマートフォンは賢いが，より使いにくい。基本操作を覚えるだけでもたいへんだ。そんなのはイヤだ。われわれが望んでいるのは，どんなケータイより賢く，超カンタンに使える。それがiPhoneだ。」といっています。当時の他社のスマートフォンは，小さな筐体に画面とキーボードが装備されているような，パソコンをそのまま携帯型に小さくしたようなコンセプトでした。その中で，初代iPhoneは他社とはまったく異なるコンセプトで，タッチスクリーンの中のオブジェクトをタッチするという，現代では「当り前」になったインタラクションでした。当時は「iPhoneが商業的に成功するとは思えない」という懐疑的な声も少なくなかったようです。しかし「純粋に技術面だけを見れば，他社製品と比べてアップル製品が特に優れているわけではない。つねに他社製品と違っているのはユーザビリティである。」ことをジョブズはこの当時から主張していました。同じく世界のトップ企業であるアマゾン

（Amazon.com, Inc./1994 年創立）の企業戦略もつぎのような「簡単」,「便利」を全面に出したものでした。

(1) ワンクリック購入とおすすめ紹介：

一度登録すれば「ワンクリック」で簡単にほしいものが買える。また，関連商品のおすすめ機能で便利。

(2) ロングテール理論：

物理的な売り場がないため，あまり売れない本でも店（サイバー空間）に置ける。アマゾンに行けばどんな本でも売っている。つまり売れ筋の本でなくても，時間軸で全体を見ればたくさん売れる。

(3) アフィリエイト：

おすすめで本を買うと，本をすすめたブログを書いた人に紹介料が入る。

(4) マーケットプレイス（古本を売ることによる手数料）：

他の販売業者の古本をアマゾンで買ってもらうとアマゾンにも手数料が入る。

特に，広大なアメリカでは買い物に出るには車で長い距離を走る必要があるため，「ワンクリックの簡単な操作によるショッピング」は多くの消費者に魅力を与えたと考えられます。

13.2　ユーザビリティの検討例

インターネット経由でアクセスする各種 Web サイトは，現代の生活ではなくてはならない重要な情報源となっています。多くのユーザがインターネットにアクセスし，検索エンジンを駆使して所望する情報を取得しています。多くの Web サイトでは，サイトの入口となるホームページにおいて告知や新着情報を提示するとともに，関連するページに遷移するためのインデックス（ハイパーリンク）を配置してユーザにさらに多くの情報を提供します。ユーザは，これら多数の情報群から自分が必要とする情報を探し出し，インデックスをたどってさらに詳細な情報を取得していきます。情報の提供側は，この入口サイトになるべく多くの情報を詰め込んでユーザに十分な情報を提供しようとしますが，ユーザから見れば自分が必要な情報以外は単なるノイズであり，情報の過多はその検索性を低下させる要因となります。

(1) 設計例1―ホームページの画面設計：

Webサイトに不慣れなユーザがよく困惑するのが，情報が詰め込まれたホームページです。**図13.1**に示した画面設計例は，学会や協会をはじめとして多くのWebサイトで見られる典型的なホームページを架空のHuman Computer Interaction Portalとして構成した例です。ホームページはサイトの玄関口（ポータル）となるべきページであり，通常，図の例のように多くの情報が詰め込まれています。画面左側にはホームページの配下にあるページに遷移するためのハイパーリンクが設置されたテキスト群が提示され，中央にはユーザに重要な情報を伝達するためのテキスト表示，右側にはスポンサーのバナーや関連イベントが提示されています。また，画面最下段にはこのサイト運営に関わる重要情報を参照するためのハイパーリンクが設置されています。このサイトを訪れたユーザは，このページを開始点として自分が必要とする情報を順次検索し取得していきます。

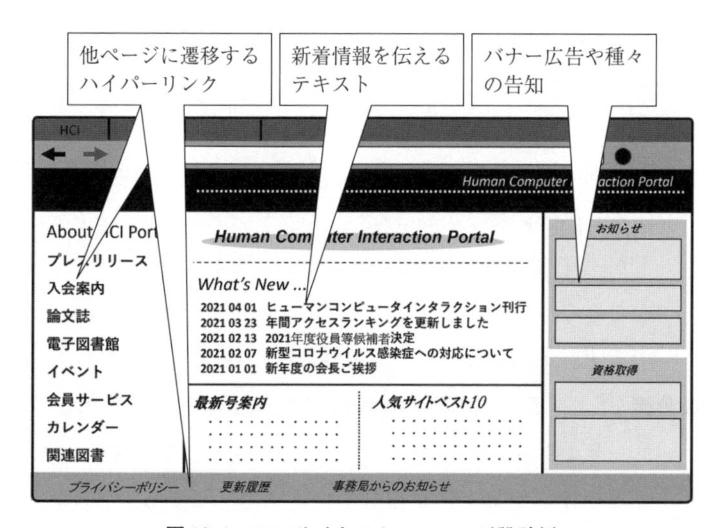

図13.1　Webサイトのホームページ設計例

もし読者のあなたが，6箇月後に開催されるかもしれないHCI関連の研究会に参加するかどうか検討するため，このサイトで情報収集しようと思ったらどうしますか？

ユーザであるあなたは，このWebサイトから6箇月後に開催されるかもしれない（あるいは開催されないかもしれない）研究会のスケジュールを確認するという目的をもってサイトを訪れているので，目的に適合するキーワードを探すはずです。もし，このページに「研究会スケジュール」という表示があればそこを参照するでしょう。しかし，図13.1にはそのような表示はありません。そこで，あなたは「研究会」や「スケジュール」に類似するキーワードを検索するか，または「研究会」と関連しそうな項目を探索する必要に迫られます。早い段階で目的の情報が見つかればよいですが，そうでない場合にはここで多くの時間を費やし，最悪の場合にはなんら情報が得られないままサイトを去ることになります。読者の皆さんの多くは，実際に，これまでに何度か同じような経験をしたことがあるのではないでしょうか？

図13.1のページには実はいくつかの問題があり，サイトのユーザビリティを低下させています。

問題点1：　テキストとハイパーリンクの違いが視覚的に明示されていない。

この画面にはさまざまなテキストが表示されていますが，クリックするとページ遷移が起こるハイパーリンクと情報提示のみのテキストが視覚的に区別されていません。したがって，ユーザはどれがそのためのボタンでどれがそうではないのかを素早く判断することができず，意図しないページ遷移に悩まされることが予想されます。

改善策1：　ハイパーリンクやボタンは視覚的に区別できるようにする。

ユーザのクリックによってページ遷移が起こるオブジェクトとそうでないオブジェクトが視覚的に区別できるよう，強調表示やグラフィカルな情報提示を行うなどの工夫が必要です。

問題点 2：　ハイパーリンクの名称が目的的に記述されていない

画面左に配置されているハイパーリンクテキストは機能分類のカテゴリー名になっており，ユーザの利用目的と適合するような目的的な表現となっていません。つまり，項目名がユーザ側の目的的な視点ではなく設計者側の視点で表現されているため，ユーザの目的とサイトの項目名とのマッチング作業をユーザに求める結果となりユーザの認知負担を増大させています。

改善策 2：　ハイパーリンクの名称を目的的に記述する。

ハイパーリンクやボタンの名称は，例えば「○○する」といったように目的的な表現を用いるとともに，類似する機能は一つにまとめてなるべく項目数を減らすことが必要です。似て非なるハイパーリンクが混在すると，ユーザが誤ったリンク（望む情報が得られない）をたどる確率が上がり，このこともユーザの認知負担を増大させる原因となります。

インターネットユーザは，ユーザビリティの低いサイトから黙って去っていくことが多いため，特に独自運営の販売サイトなどでは販売している商品が高品質であったとしても，サイト自体のユーザビリティが低ければ商品の販売数が伸びないという結果につながりかねません。Web サイトを構築した場合には，適切にユーザビリティ評価を行って，大きな問題があればそれを解決しておくことが重要です。

(2)　設計例 2―ダイアログの設計：

もう一つ，ダイアログの設計に関する例を紹介します。ダイアログの設計では，ポップアップウインドウといったオブジェクトは標準的に用意された部品を使用すればよいのですが，ダイアログの中身であるメッセージ用のテキストは自分で設計しなければなりません。**図 13.2** は，ダイアログのメッセージ設計例です。図 (a) は提示したダイアログに対してユーザの入力を求める画面例，図 (b) はダイアログで情報を伝達する画面例です。どちらも，上側が悪い例で下側が改善例です。

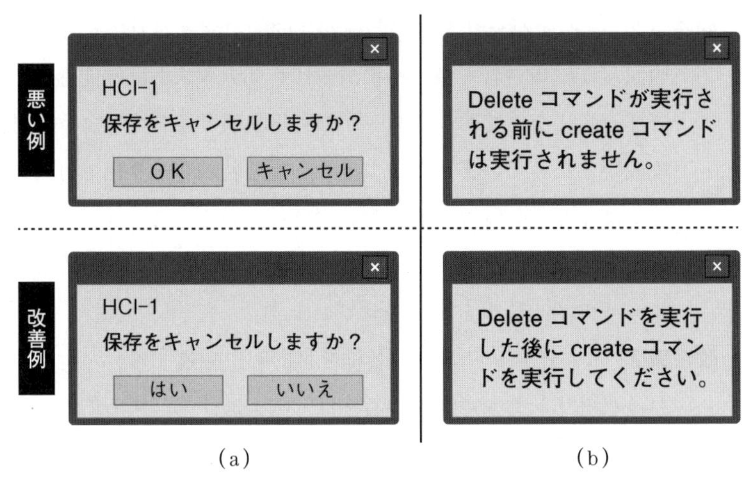

図 13.2　ダイアログのメッセージ設計例

図(a)では，「保存」コマンドをキャンセルするかどうかをシステムからユーザに確認している場面です。読者の皆さんは，図(a)上側のどこがNGなのかわかるでしょうか？ システムからの問合せである「保存をキャンセルしますか？」には悪いところはなさそうです。しかし，ユーザが入力すべきボタンが「OK」と「キャンセル」になっています。もし，あなたが「保存」命令をキャンセルしようとしていたなら，どちらのボタンを押すでしょうか？ おそらくこのダイアログに遭遇した人の大部分がここで迷うことでしょう。キャンセルするかと聞かれ，「OK」と答えることはキャンセルの承諾，つまり「保存しない」という命令をシステムに与えることになります。一方，キャンセルするかと聞かれ，「キャンセル」と答えることはキャンセルすることをキャンセルするのですが，結局，結論はどうなんだろうとユーザは悩むわけです。下側の改善例では，キャンセルするかと聞かれ，「はい」と答えればキャンセルする，「いいえ」と答えればキャンセルしないことが明確です。図(a)上側のようなインタラクションを「二重否定」といい，ヒューマンエラーを誘発するインタラクション設計の悪い例となっています。

図(b)はメッセージを伝えるダイアログですが，図(b)上側では文のキーワードであるDeleteとCreateの記述順序が時間的に逆転しており，また文末で否定形が使用されているため，文を読み進んだ最終段階でそれまでに理解した内容が否定される形になり，文の意味を理解するのが容易ではありません。このようなインタラクションでは，やはりヒューマンエラーの発生を誘発してしまいます。下側の改善例では，メッセージを肯定文に修正するとともに，文頭から読み進めば文意を理解できるように変更されています。

13.3　ユーザビリティ評価の目的と効果

開発サイドのエンジニアは，ユーザに受け入れてもらえるような機器やサービスを設計したいと思っています。しかし，エンジニアは時間や経費枠に追われながら開発を進める中でさまざまなトレードオフを解決しなければならず，ユーザの立場になりきることはできません。ユーザにとってよかれと思うことを，あれこれと想像してそれを設計に反映しますが，すでに紹介した事例のように，思わぬところで落し穴にはまってしまうのが現実なのです。

そこでユーザビリティ評価では，決められた方法論に則ってシステム評価を行うことで，設計側のエンジニアからは見えない問題を把握し，設計に反映して使いやすい機器・システムを設計することを目的とします。**ユーザビリティ評価**で得られる知見は，つぎのとおりです。

(1)　システムの課題が発見できる：

ユーザテストを行うと，目の前で実験協力者が機器操作をしている様子を観察することができ，エンジニア側にもさまざまな発見があります。設計者の観点からでは気づかなかった操作のつまずき，操作過程で手が止まってしまう，などを具体的に確認することができます。

(2)　ユーザの行動や心理状態がわかる：

ユーザテストを行うことで，ユーザがなにをどう考えるのか，どんな不安や疑問があるのかなど，ユーザの行動や心理状態がわかるようになります。

(3)　プロジェクト関係者で課題を共有できる：

例えばユーザテストを行っている様子をビデオ撮影し，その映像を確認しながら具体的な問題点や改善点などを指摘することによって，開発プロジェクト関係者間で課題を具体的に共有することができます。具体的な課題を共有することで，「総論賛成・各論反対」のような状況を軽減できるようになります。

13.4　ユーザビリティの評価方法

ユーザビリティ評価には，目的や効果に応じてさまざまな方法があります。ここでは，**ヒューリスティック評価**，**専門家によるインスペクション評価**，**ユーザテスト**の3種類に分類して説明します。

13.4.1　ヒューリスティック評価

ヒューリスティック評価（heuristic evaluation）とは，ユーザインタフェースの設計原則（ヒューリスティック）に基づいてユーザビリティの専門家が評価する方法です。

【ヒューリスティック評価の概要】

① 1〜5名のユーザビリティスペシャリストが実際にシステム（プロトタイプを含む）を利用しながら，デザイン原則（経験則 = ヒューリスティック）に照らしてユーザビリティ評価を行います。

② 評価作業自体は，個々の専門家が自身のノウハウに基づいて進めます。

③ 最終的には，各評価者の指摘を一つの評価レポートとしてまとめます。

【特　徴】　被験者を使う必要がないため低コストで実施可能ですが，予想外（専門家が思いもしない）の問題点をピックアップできないという課題があります。評価で用いる設計原則（ヒューリスティック）は，専門家が状況に合わせて選びます。

ヒューリスティックには，よく知られたものがあります。例えば，ニールセン（Nielsen，1993）の10のヒューリスティックがよく知られています。

1.　システム状態の視認性を高める。
2.　実環境に合ったシステムを構築する。
3.　ユーザにコントロールの主導権と自由度を与える。
4.　一貫性と標準化を保持する。
5.　エラーの発生を事前に防止する。
6.　記憶しなくても，見ればわかるようなデザインを行う。
7.　柔軟性と効率性をもたせる。
8.　最小限で美しいデザインを施す。
9.　ユーザによるエラー認識，診断，回復をサポートする。
10.　ヘルプとマニュアルを用意する。

また，ノーマンのヒューリスティックは，つぎの7項目です。

1.　外界にある知識と頭の中にある知識の両者を利用する。
2.　作業の構造を単純化する。
3.　対象を目に見えるようにして，実行の隔たりと評価の隔たりに橋をかける。
4.　対応づけを正しくする。
5.　自然の制約や人工的な制約などの力を利用する。
6.　エラーに備えたデザインをする。
7.　以上のすべてがうまくいかないときは標準化をする。

システム設計者など，ユーザビリティの非専門家でも使えるヒューリスティックの検討も行われています。

チェックリスト（checklist）は，既存の設計ガイドラインやJIS規格に基づいて作成されます。

【チェックリストによる評価の概要】

①　評価対象と評価用のタスクを決めます。

②　評価者は，プロトタイプなどを用いて評価タスクを実行し，チェックリストに基づいてチェックを行います。

③　複数の評価者によるチェック結果などから，ユーザビリティの問題点を明確にします。チェックリストは評価基準が明確に決まっていれば1人でもチェックできますが，2人以上で行うと評価の精度を上げることができます。

【特　徴】　基本的にリストに沿った評価であり簡便ですが，対象とするシステムに合わせて評価項目を取捨選択する必要があります。評価で使用するチェックリストは，評価対象に合わせて選びます。

タスク分析（task analysis）は，チェックリストを簡略化してチェックポイントを絞り込んだ評価基準を用い，実際にシステムを操作しながら評価を行う方法です。

【タスク分析の概要】　例えば，「情報入手」，「理解・判断」，「操作」の3ポイントに着目してタスク分析を行う方法が提案されています。

チェックポイント例

(a)　情報入手の段階：　① 情報レイアウト，② 見やすさ，③ 強調表示，④ 手掛かり情報，⑤ マッピング

(b)　理解・判断の段階：　① 用語の適切さ，② アフォーダンス，③ 相互識別性（紛らわしさ），④ フィードバック，⑤ 操作手順，⑥ 一貫性，⑦ メンタルモデル

(c)　操作の段階：　① 身体特性との適合，② 煩雑さ

システムユーザビリティスケール（system usability scale）は，ユーザに対して一連の簡単な質問を与え，どの程度同意できるか点数評価する方法です。

【システムユーザビリティスケールの概要】　例えば，下記の10項目を使ってユーザビリティを評価します。

①　このシステムをしばしば使いたいと思う。

②　このシステムは不必要なほど複雑であると感じた。

③　このシステムは容易に使えると思った。

④　このシステムを使うには技術専門家のサポートが必要かもしれない。

⑤　このシステムにあるさまざまな機能がよくまとまっていると感じた。

⑥　このシステムでは，一貫性のないところが多くあったと思った。

⑦　たいていのユーザは，このシステムの使用方法について，とても素早く学べるだろう。

⑧　このシステムはとても扱いにくいと思った。

⑨　このシステムを使うのなら自信がもてると感じた。

⑩　このシステムを使い始める前に多くのことを学ぶ必要があった。

評定値は，つぎのように扱います。

(a)　1（まったくそう思わない）～5（まったくそう思う）のうち，該当する数値をチェックさせる。

(b)　奇数番号：回答した数値から1を引く。偶数番号：5から回答数値を引く。

(c)　合計値に2.5を掛ける ⇒ 最終合計値：0～100（非常に使いやすい）

13.4.2　専門家によるインスペクション評価

専門家による**インスペクション評価**（inspection methods）では，ユーザビリティの専門家がユーザビリティ評価用のタスクを設定し，ユーザの認知モデルに沿ってタスクのでき栄えを評価していく方法です。この方法として**コグニティブウォークスルー**（cognitive walkthrough）が知られています。

【コグニティブウォークスルーの概要】　コグニティブウォークスルーは，評価者（専門家）がユーザの思考過程や行動を推測してシステムの問題点を抽出する方法です。初めてシステムを利用するユーザが試行錯誤によって自力で利用方法を理解できるか，という観点で専門家が評価します。

専門家は，つぎの観点から問題点を抽出します。

①　ユーザの目標はなにか。

②　目標実現のための手段が準備されているか。

③　説明文と目標がマッチしているか。

④　フィードバックは準備されているか。

【特　徴】 この方法では，実験協力者を必要とせず，またプロトタイプや仕様書でも評価できるという利点がありますが，評価者（専門家）の判断に依存した結果しか得られないという問題があります。また，評価者はHCIの知識を十分に有する必要があります。

この他，専門家による**観察法**（observation）がありますが，これについては前章で説明したとおりなので，ここでの説明は省略します。

13.4.3　ユーザテスト

ユーザテスト（user test）では，ユーザビリティ評価用の実験タスクを設定してユーザにタスクを遂行してもらい，タスク達成率やタスク遂行時間などのパフォーマンス，およびインタビューやアンケートなどを用いて主観的満足度も評価します。

パフォーマンス評価（performance evaluation）は，対象となる製品を用いて実施するタスクを設定し，これをユーザに実行させてその作業成績を測定する方法です。作業時間やエラー率などで定量的に評価します。

【パフォーマンス評価の概要】 パフォーマンス評価では，評価目的に沿った仮説を設定した上で，つぎのように評価を進めます。

① ユーザと利用の状況を設定する。

② 対象となるユーザ層を実験協力者として集める。

③ 比較対象となるインタフェース（複数）を用意する。

④ 評価すべきタスクを設定し実験協力者に実行させる。

⑤ 作業時間やエラー率などで作業成績を定量的に評価する。

【特　徴】 パフォーマンス評価では，ユーザインタフェースのよし悪しについて定量的に調べることができますが，設定した仮説の検証という狭い範囲での評価しかできません。

プロトコル分析は，ユーザに実験タスクを実行させ，考えていることを話してもらいながら操作を行う思考発話法を用いて，ユーザビリティ上の問題点を抽出する方法です。これについては前章で説明したとおりなので，ここでの説明は省略します。この他，**アンケート**（questionnaires）や**グループインタビュー**（group interview）などの手法がありますが，この二つについては15章で詳細を説明します。

13.5 ユーザエクスペリエンス

ユーザエクスペリエンス（UX）の定義については，すでに9章でも触れました。この定義では，「ユーザの知覚及び反応」とありますが，なかなか理解しにくい表現です。筆者も人間工学JIS規格の制定・改正に関わってきましたが，規格文書は基本的にどのような製品にでも汎用的に適用でき，かつ技術的内容が正確に記述されていなければならないという制約があるため，独特の書き方（記述のルール自体がJIS規格になっている）になってしまうのはやむを得ないところです。重要なJIS規格が制定されると，関係する産業分野向けにさまざまな解説本が刊行されるのも，そのような事情を反映しています。

ユーザエクスペリエンス： 製品，システム又はサービスの使用及び/又は使用を想定したことによって生じる個人の知覚及び反応。

注記1 ユーザエクスペリエンスは，使用前，使用中及び使用後に生じるユーザの感情，信念，し好，知覚，身体的及び心理的反応，行動など，その結果の全てを含む。

注記2 ユーザエクスペリエンスは，ブランドイメージ，提示，機能，システムの性能，インタラクティブシステムにおけるインタラクション及び支援機能，事前の経験・態度・技能及び人格から生じるユーザの内的及び身体的な状態，並びに利用状況，これらの要因によって影響を受ける。

注記3 ユーザビリティは，ユーザの個人的な目標の観点から解釈されたとき，通常はユーザエクスペリエンスと結び付いた知覚及び感情的側面の類を含めることができる。ユーザビリティの基準は，ユーザエクスペリエンスの幾つかの側面を評価するために使用できる。

ユーザエクスペリエンスは，簡単にいえば，製品やサービスを利用して得られる「ユーザの体験」のことです。よく議論されるのが，ユーザビリティとユーザエクスペリエンスはどう違うのか，です。この違いについては，さまざまな議論があり定説までには至っていません。もともと，エクスペリエンス（experience）は直訳すれば「経験」です。経験とは，実際に見たり聞いたり行ったりして，外的現実と内的現実とが接触することです。つまり，ユーザビリティでは観測可能であるという客観性（外的現実）に軸足を置いていましたが，ユーザエクスペリエンスでは経験というユーザの主観性（内的現実）に軸足を置いているところが大きく違っているのです。主観は，経験とともに変化していきます。例えば，新しいパソコンを買いたいと思って大きな期待を膨らませ，実際にパソコンを購入して使おうと思ったら初期設定で延々（メールアドレスや電話番号やパスワード，誕生日，好きな食べ物とか記念日とか…）と時間をとられ，ようやく設定を終えてパソコンを使い出したものの初期設定で使った情報をメモし忘れたために翌日にはログインできなくなり，その落胆を乗り越えてなんとか本格的にパソコンを使い出してやっと便利さを実感する，などなど。

ユーザの主観性は，まさにジェットコースターのようなアップダウンを繰り返します。従来，ユーザビリティでは，このような製品やサービスに対するユーザの主観的な価値をそれほど問題にしてきませんでした。ユーザエクスペリエンスでは，ユーザの主観的な価値に軸足を置きますが，そのことは時間軸上での価値観の変化を考慮する必要があることを意味します。ユーザビリティでも，主観的な満足度が定義に組み込まれており，それは製品やサービスを使っている最中（現在）と直後という時間範囲でユーザの主観を対象としています。一方，ユーザエクスペリエンスでは，機器の購入前から購入後までの長期にわたる主観的な価値を問題にするのです。

図 13.3 は，ユーザビリティ（UI）とユーザエクスペリエンス（UX）の違いを表したものです。ユーザビリティ（UI）では，主に機器を使用している（使用中）ユーザについて，人と機器との関わり方を観測可能な客観的データに基

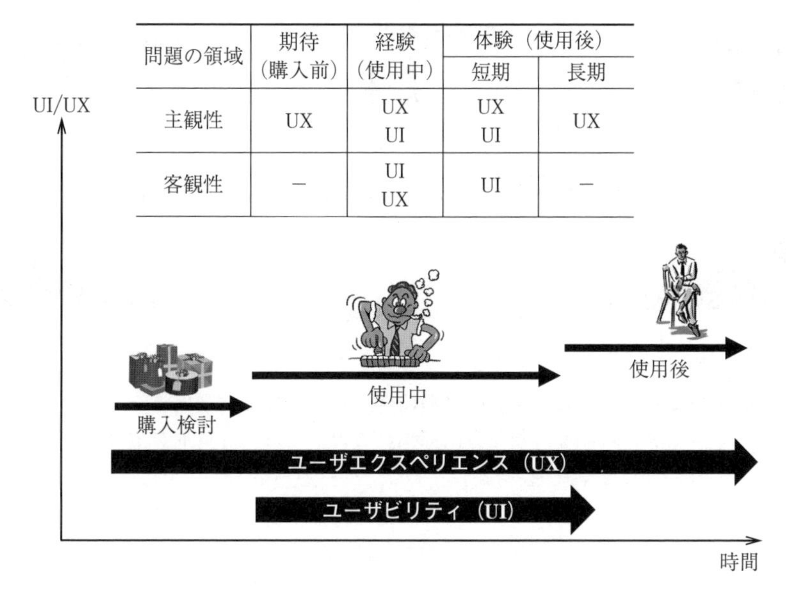

問題の領域	期待（購入前）	経験（使用中）	体験（使用後）	
			短期	長期
主観性	UX	UX UI	UX UI	UX
客観性	－	UI UX	UI	－

図 13.3　ユーザビリティ（UI）とユーザエクスペリエンス（UX）
UI では効果と効率を重視/UX では主観を重視

づいて評価します。一方，ユーザエクスペリエンス（UX）では，機器を購入する前の段階（購入検討）から機器を使い終わった後の段階（使用後/廃棄後）も含め，人と機器との関わり方を主観的データに基づいて評価します。特に，機器を使用した後のユーザの主観は，その機器やブランドに対する信頼感にも直結し，製品やサービスを繰り返して購入するリピータにもつながるため，ここ数年ではビジネス界においても，このユーザエクスペリエンス（UX）はとみに話題となっています。

14

プロトタイピングとユーザテスト

システムの仕様を決定する過程でプロトタイプを作成することは，一見手間がかかるように思えますが，実際にはシステム仕様が精度よく，かつ手戻りなく早く決められる有効な方法です。この章では，プロトタイプを用いるシステム開発について述べます。また，ペーパープロトタイプやワイヤフレームプロトタイプなどを段階的に用いる開発手法，さらにプロトタイプを用いるユーザテストの方法について触れます。

14 章のキーワード：
プロトタイピング，ペーパープロトタイピング，ワイヤフレームプロトタイプ，インタラクションプロトタイプ，ウォーターフォール型モデル，繰返し型モデル，スパイラルモデル，アジャイル開発，プロトタイピングモデル，ユーザテスト，被験者内計画と被験者間計画

14.1　プロトタイピング

14.1.1　プロトタイピングとは？

プロトタイピングとはシステム開発の方法であり，最終的なプロダクトを制作する前段階で仮想的（未完成）なシステムを製作し，そのシステムを用いてさまざまなテストや意見収集をしながら徐々に完成度を高める手法です。プロトタイプを用いることで，システム機能として検討が必要な項目を洗い出して機能設計の精度を高めるとともに，設計条件の不確実性を低減してユーザビリティの向上を図ります。さらに，プロトタイプを用いた評価によって，ユーザからのフィードバックを得ることも可能です。

プロトタイプを用いることで，開発チームのメンバー間でプロダクトのイメージを共有することができ，開発に関わる意識のずれを抑えることができます。さらに，プロトタイプを用いて顧客にプロダクトのイメージを見せることができるので，顧客のニーズとプロダクトとの乖離を早期に発見することができ，結果として開発の手戻りを防止することができます。

14.1.2　プロトタイプを用いる開発のプロセス

プロトタイプを用いるシステム開発は，つぎのような段階を踏んで進めていきます。

(1)　**主要機能の洗い出し**：

クライアントの要望ヒヤリングを行い，システムを用いて解決すべき課題を整理し，システムの目的を絞り込んで主要機能の要件定義を行います。

(2)　**ペーパープロトタイピング**：

システム設計の初期段階では，ラフスケッチを用いたプロトタイピングが効果的です。手軽で素早いプロトタイピング手法として**ペーパープロトタイピング**（paper prototyping）が用いられます。粗くてもよいので，紙に機器あるいはディスプレーのイメージを手書きで素早く描画します。インタラクションを，言葉ではなく形にすることが重要です（**図 14.1**）。

手書きのスケッチであっても，画面構成やページ遷移（設計者が模擬的

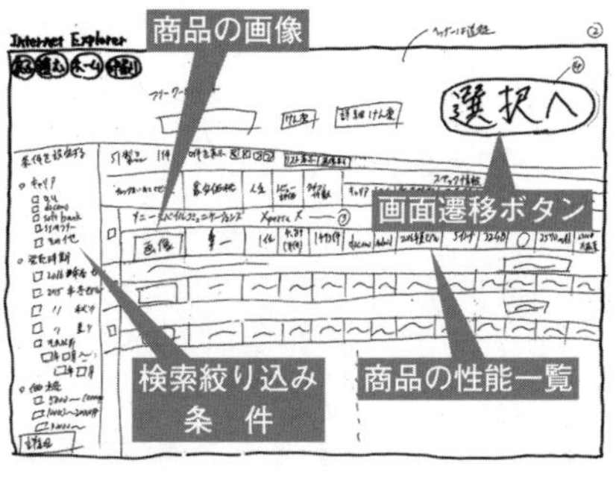

図 14.1　ペーパープロトタイピングによるラフスケッチの例

に動かす）も体験できるので，システムの動作を簡単にイメージすることができます。設計の初期段階でペーパープロトタイピングを実施することのメリットは，つぎのとおりです。

① 手書きスケッチなので，速く，低コストであること。

② コーディングに取り掛かる前に主要な問題を発見できること。

③ 開発チーム内において早期に設計コンセプト，評価結果を共有できること。

④ （ユーザを含め）多くの具体的なフィードバックが得られること。

⑤ インタラクションを可視化することで，開発者に創造的な思考を促せること。

このラフスケッチを用い，顧客をも巻き込んで議論を行うことで，さまざまな観点から多面的なフィードバックが得られるので，効果的な議論が可能です。

(3) **ワイヤフレームプロトタイプ**：

このプロトタイプは，形状を単純化したユーザインタフェース要素を用いてインタフェースを視覚的に表現することが目的です。具体的には，ユーザインタフェース要素のレイアウトの確認，ページやリンクの遷移の確認，ボタンなど部品の機能と動作の確認，などです。手書きのラフスケッチよりも若干製品イメージに近いプロトタイプです。

(4) **インタラクションプロトタイプ**：

動くプロトタイプシステムです。操作に対するシステムのレスポンス（応答の仕方やスピード）ができるかぎり製品に近いことが望まれます。システムの動作感を含め，プロダクトの動作を最終確認するためのプロトタイプです。

14.2　さまざまなシステム開発モデル

システム開発では，限られた時間とリソース（予算や人員など）を最大限に生かしつつ，性能の高いシステムをつくり上げていく必要があります。しかし，開発を進めていく中でさまざまな不具合や設計変更などが発生するのが一般的です。このような事態を考慮に入れながら，円滑に，かつ顧客の満足に応えられるようなシステムを開発するモデルが，提案されています。

14.2.1　ウォーターフォール型モデル

システムの開発モデルは，大きく分けると**ウォーターフォール型モデル**と繰返し型モデルに分類されます。**図 14.2** にシステム開発のモデルを示します。図(a)は，ウォーターフォール型モデルによるシステム開発です。このモデルでは，一つの工程が完了してからつぎの工程に進み，さらにつぎの工程に進むというように後戻りしないシステム開発法です。図に示すように，典型的な開発では，「要件定義」，「設計」，「製作」，「テスト」といったように最初の段

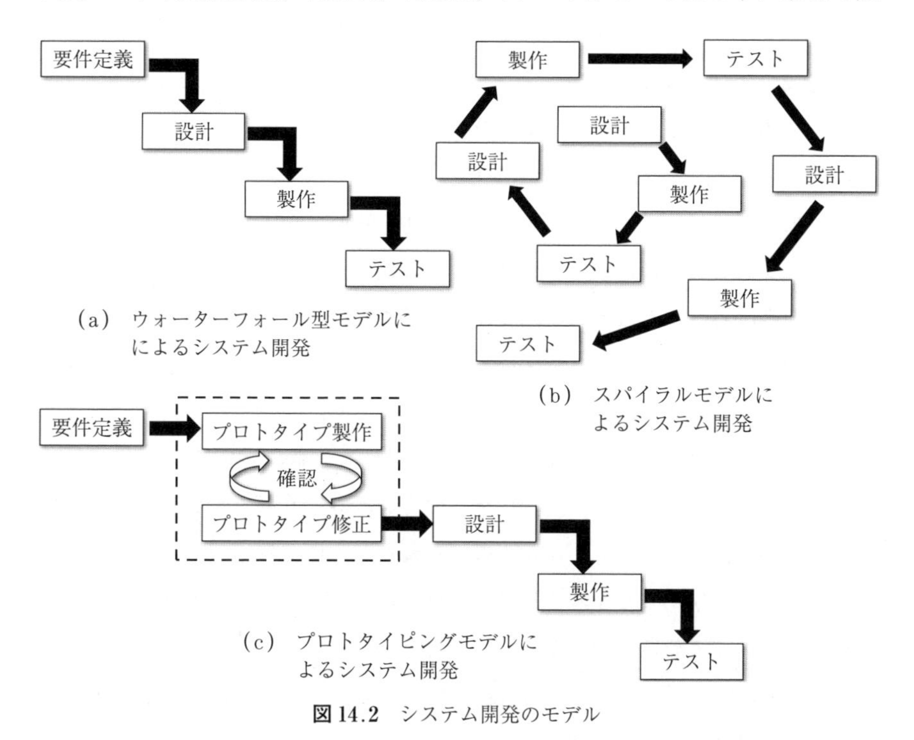

図 14.2　システム開発のモデル

階でシステムの仕様を決め，一気に製作とテストの工程に進んでいきます。当初から完成品を想定してすべての機能を設計し，各工程に沿って順次開発を進めるため，工程の後戻りはできません。

ウォーターフォール型モデルでは，要件定義の段階で顧客の要求をすべて明確化した上で全体的な計画やスケジュールを決めるため，開発に必要な費用や人員の管理が容易であることが最大のメリットです。その反面，顧客はテスト工程にならなければシステム画面や操作を確認することができません。そのため，テスト工程の段階で実際にシステムを見たときに当初のイメージと違っていたり，あるいは当初決めた仕様自体にミスがあることを発見したりすることがあります。このような場合，大きな手戻りが発生してしまいます。特に工程が下流になるほど手戻りは大きく，修正を断念せざるを得ない場合も少なくありません。

14.2.2　スパイラルモデル

一方，**繰返し型モデル**では，システム開発工程が一方向的ではなく機能ごとに開発工程を繰り返してシステムを徐々に完成していきます。図(b)は，繰返し型モデルの一つである**スパイラルモデル**を示しています。スパイラルモデルとは，システムを複数のサブシステムに分割し，順次開発を進めていく手法です。顧客は各サブシステムの開発が終了した段階で何度もシステムを確認することができますので，大きな手戻りは少なく，システム全体の完成度を徐々に高めていくことができるのが最大のメリットです。また，サブシステムは比較的小さな開発モジュールなので，仕様変更にも柔軟に対応できるというメリットもあります。ただし，安易に仕様変更を繰り返せばその都度手戻りは発生するため，開発スケジュールが大幅に遅れたり，開発費用が想定外に膨らんだりするリスクがあります。一般に，何度も修正が入るユーザインタフェースの開発にはスパイラルモデルが適しているといわれています。各サブシステムの開発が終了した段階で，その都度システムリリース（納品）する開発方法を，**アジャイル開発**と呼んでいます。

14.2.3 プロトタイピングモデル

もう一つ，図(c)に示すような**プロトタイピングモデル**があります。このモデルでは，設計以降のフェーズはウォーターフォール型モデルで進めますが，初期の要件定義のつぎのフェーズでプロトタイプを開発し，顧客にプロトタイプ上でシステムを確認してもらいながら仕様を詳細化する方法です。プロトタイピングモデルは，開発プロジェクトの全体的な進め方はウォーターフォール型ですが，上流段階でプロトタイプを用いることで大きな手戻りを防止しています。

14.3 ユーザテスト

ユーザテストとは，テストユーザに実際にシステムの操作を行ってもらい，システムの機能性や操作性，ユーザビリティを評価する方法です。

一般的なユーザテストでは，検証対象とするシステムのプロトタイプを用意し，ターゲットユーザ層に当たるテストユーザを集め，システムを実際に操作してもらいながらユーザビリティ評価を行います。ユーザビリティで課題となりそうな仮説を設定し，テスト計画を作成します。ターゲットユーザ層に当たるテストユーザ（実験協力者）を集め，設定した仮説に基づいて実験タスクを設計し，テストユーザにプロトタイプを使ってもらいます。この実験を通じて仮説を検証し，システムとユーザとのギャップを明らかにして改善点を抽出していきます（**図 14.3**）。

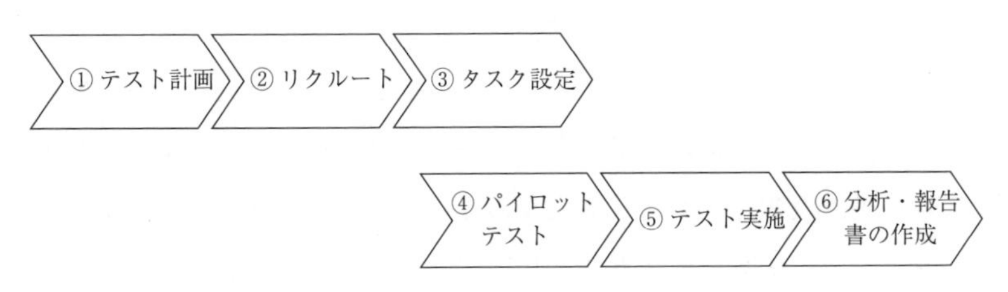

図 14.3 ユーザテストの進め方

14.3.1　テスト計画の策定

システムの利用目的や事前のヒューリスティック評価の結果を基に，仮説の設定を行います。ユーザテストには，システムに内在する課題（仮説群）を定性的に掘り起こすことを目的とするテストと，すでに明らかになっている仮説を定量的（実験的）に検証するテストがあります。テスト計画は，なにを明らかにしたいのか，目的に合わせてテストの方法論やテストユーザの質や量を決定します。例えば，メニュー構成をどうデザインすればよいのか迷っていると想定しましょう。

(1)　課題を定性的に掘り起こす場合：

この場合，デザイン案をテストユーザに操作してもらい，例えば，操作を間違えたり，途中で操作方法がわからなくなるといった問題点を評価者が見出していきます。J. ニールセンは，定性的な評価の場合，5人のテストユーザでテストを行うことで，ユーザビリティの主要な問題の85%を抽出できる（Why You Only Need to Test with 5 Users, /https://www.nngroup.com/articles/why you only need to test with 5 users/）ことを明らかにしています。テストユーザにシステム操作を実行してもらう過程において，考えていることを声に出してもらう思考発話法を適用することで，操作誤りの原因などを発見することができます。

(2)　仮説を定量的に検証する場合：

この場合，具体的なデザイン案（プロトタイプ）を用いて評価実験を行います。例えば，ユーザの目的を想定して目的別にメニューをグルーピングする案，あるいは類似する機能ごとにメニューをグルーピングする案，これら2案に対してユーザテストを行うなどです。定量的な評価を行うことで，両デザイン案の特徴（仮説に基づく優位性）を抽出することができます。独立変数がメニュー構成なので，メニュー構成だけが異なるユーザインタフェース案をテストユーザに使用させる（統制条件）ような計画を立案します。メニュー構成以外のデザイン要素を変化させてしまうと，取得したデータに影響を及ぼした要因がメニュー構成なのか，他の要因なのか区別できなくなり，そもそもユーザテストを行った意味がなくなります。つぎに，なにを測定するのか，従属変数を検討します。例えば，タスクの実行に要した時間，タスク実行の正確さ，操作誤りなどのパフォーマンスを測定します。また，パフォーマンス評価と併せて，実験終了後にインタビューや質問紙などを用いて主観評価を行う場合もあります。

14.3.2 テストユーザのリクルート

テストユーザをリクルートする場合，開発するシステムの実際のターゲットユーザを対象にするのが基本です。年齢および性別といった人口統計的な基本属性に加え，居住地や職業などの属性，あるいは開発システムの対象領域に関する興味・関心やスキルレベルなどを条件として該当者を探します。しかし，テストユーザの特性をそろえることは容易ではありません。リクルーティング会社にテストユーザの手配を依頼する場合もありますが，交通費などの条件によっては実験施設の近隣に居住する同じテストユーザが何度も実験に参加してくる場合もあり，過去の実験参加歴などの確認が必要な場合があります。

定性的なユーザテストの場合には，一つの検証につき5名程度のテストユーザをリクルートすれば，おおよその課題抽出が可能であることが知られています。一方，仮説を定量的に検証したい場合には，一つの検証で20名程度のテストユーザが必要です。実験データの統計的検定を行う場合，1水準当り20サンプル以上のデータ取得が必要です。

14.3.3 タスク設定

タスクとは，テストユーザに実行してもらう操作です。タスクの設定では，すでに抽出した仮説を検証できるようなシステム操作を選ぶ必要があります。例えば，目的別にグルーピングされたメニューと類似する機能別にグルーピングされたメニューの比較評価であれば，メニューを実装したプロトタイプをテストユーザに操作してもらい，例えば「部屋の温度を25℃に設定してください。」などの指示を与えます。

テストユーザは，評価実験を通じてシステム操作をどんどん学習していきます。したがって，例えば「このシステムをマニュアルなしで操作できるか？」といった仮説を検証する場合，テストユーザは1回の実験しかできません。タスクを設計する場合，1人のテストユーザが1種類のシステムだけ操作するのか，複数のシステムを評価するのかを決める必要があります。複数回の操作を行う場合には必ず「学習効果」が現れます。例えば，メニュー案Aとメニュー案Bを，それぞれ20名ずつ評価を行いたい場合，1人のテストユーザにメニュー案Aとメニュー案Bを操作させる実験計画を「**被験者内計画**（within subject design）」と呼びます。1人のテストユーザにどちらか一方のみを操作させる実験計画を「**被験者間計画**（between subject design）」と呼びます。学習効果を排除したい場合には被験者間計画とすることが必要ですが，その場合には多くの被験者をリクルートする必要があります。

14.3.4　パイロットテスト（予備実験）

計画段階から多くの検討を行い，準備万端整えたつもりで実験に取り掛かりますが，いざ実際に実験をやってみると評価者が当初想定もしていなかった事態に陥ることが少なくありません。例えば，テストユーザのシステム操作時間が予想以上に長くなりすべてのタスクが終わらない，プロトタイプにバグがあり特定の条件では実験ができない，教示条件の提示でテストユーザに意図が伝わらない，などです。他にもさまざまなことが起こり，実験条件の見直しや実験手続きの再検討が必要となります。本番の前にパイロットテストを行うことで，そのような不具合が解消でき，テストの質が向上します。逆に，パイロットテストを実施せずに本番に入ってしまうと，さまざまな不具合を抱えたままの実験データしか得られず，最悪の場合には，取得した実験データが使えないという事態に陥ってしまいます。

14.3.5　テストの実施（本番）

ユーザテストの本番では，何人かのテストユーザを呼び集中的に実験を行う場合があります。このような場合，テストユーザは緊張した状態で来訪し，実験に臨みます。このような緊張状態は日常的な状態からかけ離れた非日常的状態であり，評価者が望む条件ではありません。したがって，実験前には十分な時間をとってテストユーザをリラックスさせる工夫が必要です。また，テストユーザ同士が控室で情報交換を行う場合もありますので，実験前のユーザと実験後のユーザの控室は分離することが望ましいです。同室とした場合には，実験前に「ネタばれ」してしまい，実験を行ったとしても使えないデータになることがあります。また，テストユーザが来ない，渋滞に巻き込まれて遅刻するといった状況もあり得ます。本番では，実験補助者に手伝ってもらいチームで役割分担するほうが円滑に実験できます。また，実験前後で倫理的な配慮に関する説明や同意書へのサインなど，実験データとは直接関わらないことで時間を使わなければなりません。そのような時間もあらかじめ計算に入れて余裕をもつことが必要です。テストユーザの拘束時間はすべてを含めて 2 時間程度が上限といわれています。

ユーザテストを行うための専用の部屋を構築する場合があります。**ユーザビリティラボ**と呼ばれており，心理実験を行うのに都合よくできています。**図 14.4** にユーザビリティラボの例を示します。右側の部屋は実験室で，テスト

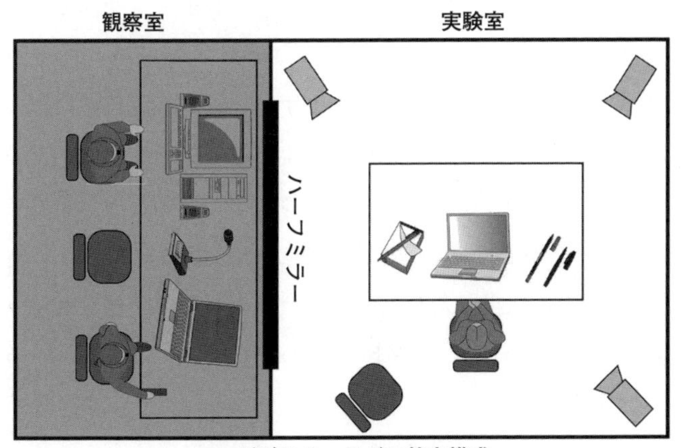

図 14.4　ユーザビリティラボにおけるユーザテストの例

ユーザはこの実験室に案内され，実験タスクを実施します。真ん中のテーブルに実験機材と補助器具が置かれ，このテーブルの前にテストユーザが座ります。テストユーザの後ろの席は実験者が座る場所です。実験者がこの席に座ってテストユーザに指示を与える場合もありますが，実験室にはテストユーザのみを置いて，さまざまな指示を観察室から出す場合もあります。

実験方法に応じて使いやすいフォーメーションを用います。実験室と観察室の間にはハーフミラーを設置します。観察室の照明を暗くすることによって，実験室からは観察室が見えなくなりますが，観察室からは実験室の様子がよく見えます。観察室から実験室への指示は，マイクを通じて行います。また，実験室には複数台のビデオカメラを設置し，テストユーザの挙動を多地点から同時記録します。また，観察室では必要に応じて観察メモを作成します。

★このキーワードで検索してみよう！

ユーザビリティラボ

「ユーザビリティラボ」で画像検索すると，さまざまなユーザビリティラボを参考にすることができます。

14.3.6　分析・報告書の作成

ユーザテストで取得した実験データを分析し，レポートを作成します。テストユーザの音声データやビデオデータはシーケンシャルデータ[†]であるため，見直す度に多くの時間を費やしてしまいます。そこで，実験中に作成したメモに基づき効率的にデータの見直しを行います。思考発話法を用いた実験データの整理では，発話内容の書出しが必要となります。このとき，発話内容だけではなく発話時刻やそのときの行動の特徴をメモしておくことは有効です。レポートには，実験中に取得した写真や，場合によっては映像ショットを取り入れることで報告のリアリティが高まり，わかりやすいレポートが作成できます。

[†] 最初から順番に書き込む形式のデータのこと。

15

質問紙とインタビュー

この章では，質問紙とインタビューについて説明します。これらの方法は手軽に実施できるユーザ調査方法ですが，データの精度を落とさないためのさまざまな方法論があります。有効な調査結果を得るためには，これらの方法論を理解し，所定の手続きに従ってデータ処理することが必要です。

15章のキーワード：

質問紙法，フェイスシート，リッカート法，自由記述法，複数選択法，順位付け法，日記法，母集団，全数調査，サンプル調査，無作為抽出法，有意抽出法，デプスインタビュー，フォーカスグループインタビュー，構造化インタビュー，非構造化インタビュー，半構造化インタビュー，クリティカルインシデント法，エスノグラフィック法

15.1　質問紙法による調査

15.1.1　質問紙法とは？

質問紙法（questionnaire method）とは，特定の質問群を網羅した「質問紙」に回答してもらい，その回答からユーザの心理，態度，意見，嗜好などの情報を収集する方法です。質問紙法では，基本的には文章での質問とそれに対する回答というやり取りが行われるため，一定以上の言語能力（文章理解力）を必要とします。また，インタラクティブに複数回のやり取りができる面接法や観察法と異なり，取得できるデータは言語的に表現可能な範囲に限定されます。

質問紙で得られたデータは，統計的な処理を実施することによって定量的な結果として扱うことが可能です。また，複数の人に対して同時に調査を実施することが可能なので，広範囲に大規模な調査が可能です。質問紙による調査は，**アンケート調査**ともいわれます。

質問紙による調査を実施する場合，つぎの4段階で進めます。

1) 質問紙の作成
2) 対象者の選定
3) データ収集（調査実施）
4) データ分析

実際に質問紙を作成する場合，データ収集方法を想定した上で質問紙の設計を行います。

15.1.2 質問紙の作成

質問紙の作成で最も重要なことは，調査の目的を明確に絞り込むことです。例えば，「当社のWebサイトをご利用いただき，ご満足いただけましたか？」と質問されたとすると，多くの人は満足できた部分と不満が残った部分が混在していると思います。あるいは，Webサイト自体には満足したとしてもWebサイトを通じで購入した物品が粗悪だった場合，満足度は大きく低下するでしょう。質問紙調査を通じてなにを知りたいのか，目的を明確にすることで質問項目も絞り込まれます。

調査の目的を明確にした上で，目的達成に関与する指標（要因）を洗い出していきます。そして各指標を構成する概念を測定するための心理尺度を検討します。まずは質問項目の候補を検討し，予備調査を実施して各質問項目が調査対象の反応を適切に弁別できているかどうかを検証します。この検証の後，本調査に進みます。質問紙で用いる尺度水準には，例えば性別や職業など四則演算が意味をもたない「名義尺度」，例えば好きな順番に並べるなど数値の絶対値は意味をもたないが大小関係は意味をもつ「順序尺度」，例えば温度や日付など数値の間隔が等しい「間隔尺度」，例えば時間や長さなど原点を含めて差と比率が意味をもつ「比例尺度」があります。例えば，好感度などを5段階評価するような尺度は数値間の間隔が等間隔とはかぎらないため順序尺度ですが，これを間隔尺度と見なして扱うことも多く行われています。このような場合には，「見なし」であることを理解し，レポートなどではその旨を明記する必要があります。

質問紙の項目と尺度が決定した後，質問紙の基本構成を設計します。通常，質問紙には調査のタイトルや調査目的，データの取扱いなどを明記した**フェイスシート**を付けます。**図 15.1** は，フェイスシートの例です。この例では，フェイスシートをまえがきとあとがきに分散させ，質問項目を挟み込む形にしています。

・まえがきの記載：　タイトル，調査目的，データの取扱い，主催者

・質問項目への記載：　質問事項

・あとがきへの記載：　クロス集計用の人口統計情報（年齢，性別，職業な

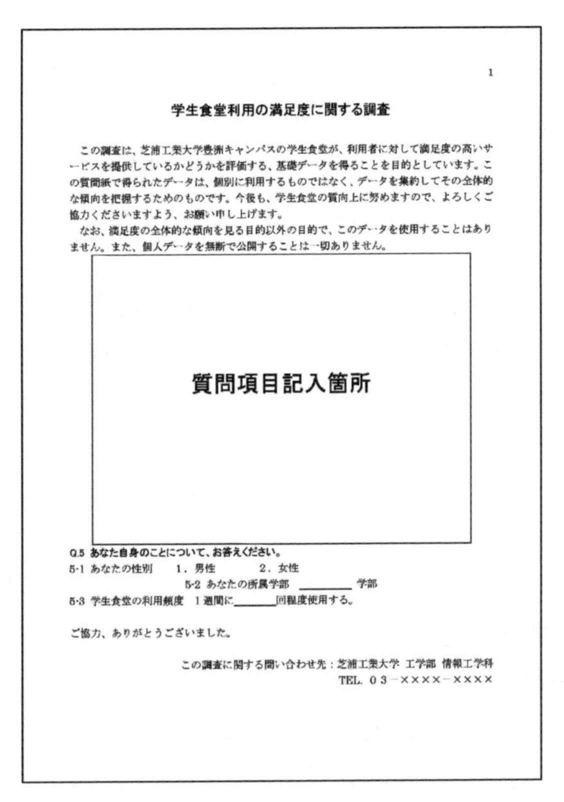

1

学生食堂利用の満足度に関する調査

この調査は、芝浦工業大学豊洲キャンパスの学生食堂が、利用者に対して満足度の高いサービスを提供しているかどうかを評価する、基礎データを得ることを目的としています。この質問紙で得られたデータは、個別に利用するものではなく、データを集約してその全体的な傾向を把握するためのものです。今後も、学生食堂の質向上に努めますので、よろしくご協力くださいますよう、お願い申し上げます。

なお、満足度の全体的な傾向を見る目的以外の目的で、このデータを使用することはありません。また、個人データを無断で公開することは一切ありません。

質問項目記入箇所

Q.5 あなた自身のことについて、お答えください。

5-1 あなたの性別　1．男性　2．女性

5-2 あなたの所属学部 ________ 学部

5-3 学生食堂の利用頻度　1 週間に________回程度使用する。

ご協力、ありがとうございました。

この調査に関する問い合わせ先：芝浦工業大学 工学部 情報工学科

TEL. 0 3 − ×××× − ××××

図 15.1　フェイスシートの例

ど），地理情報（勤務地，居住地など），回答への謝辞，問合せ先，用紙回収の連絡先

質問紙への回答形式には，① **リッカート法**，② **自由記述法**，③ **複数選択法**，④ **順位付け法**，⑤ **日記法**，があります。

① **リッカート法**：　各選択肢を得点化（例えば，1～5など）し，総合得点で評価を行います。

② **自由記述法**：　回答者から自由な意見を広く集めたい場合，自由記述を用います。回答者の意見を質的に分析したい場合にも自由記述を用います。

③ **複数選択法**：　該当する項目を複数選択できる方法です。統計解析には向きません。

④ **順位付け法**：　項目に順番を付けてもらう方法です。統計解析には向きません。

⑤ **日　記　法**：　12章でも触れた方法です。日記帳に日々の報告を書いてもらいます。生活に埋め込まれた情報を取得できるメリットがあります。

質問紙では，質問形式ごとの回答方法を回答例と併せて添付することが必要です。回答方法が不明確な場合，単純な回答ミスや誤答が増加します。また，質問項目の分量が多すぎると回答者の負担が増加し，回答の品質に影響を及ぼします。おおよその目安としては，教示を含めて15～30分程度で回答できるような分量に抑えるべきといわれています。子供（小中学生）が対象の場合には20分程度を上限とするのが適当です。

15.1.3　対象者の選定

調査目的を検討するとき，調査対象も併せて検討します。まずはどのような集団を調査したいのか，調査範囲を決定します。例えば，「インターネット利用者」を調査したいと考えた場合，「インターネット」といってもネット接続できる機器はスマートフォンやパソコン，ゲーム機，テレビ，電子レンジや冷

蔵庫，その他，広範にわたります。また「利用者」といったときの「利用」とはなにを指すのか。インターネットプロバイダと契約している契約者，Webブラウザを使った経験のある人，コンテンツのストリーミングサービスを使っている人，その他，「利用」といってもさまざまな形態があります。もしかすると，インターネットプロバイダと契約している名義人はそれほどネットアクセスしていない場合もあり得ます。このように，目的に合わせて調査対象を定義する必要があります。調査対象の定義に当てはまる人のうちどの範囲で調査を行うのか，**母集団**を決定します。母集団とは，調査を通じて情報を得たい対象者全員を指します。例えば，「日本国内に在住する人で在日外国人も含める」，「年齢層は就労年齢（15～65歳）に限定する」などです。そうすると，調査の対象者は，「インターネット利用者。ただし，在日外国人を含む国内に居住する人，かつ年齢が15～65歳の人。」というように明確に定義されます。

母集団が決定したら，具体的な調査対象者を特定する必要があります。母集団の構成員全員を調査対象とする方法が**全数調査**です。国勢調査や選挙などでは全数調査が行われています。しかし，全数調査を行うためには，構成員を1人残らず全員特定した上で，全員分の連絡先を特定する必要があり，一般的な調査では現実的ではありません。そのため，多くの場合には**サンプル**（**標本**）**調査**が行われます。標本を取り出すことを**サンプリング**と呼びます。サンプル調査は，母集団の中から一部の人を取り出して調査を行うことで，母集団の性質を推定することが目的です。全数調査とサンプル調査の特徴をまとめると，つぎのとおりです。

(1)　全数調査―母集団の構成員全員を調査：
- ありのままの実態を正確に把握できる。
- 全員を特定することが必要である。
- 大きな労力および時間を割くことが必要である。

(2)　サンプル調査―母集団構成員の一部を調査：
- 少数のサンプルから母集団の性質を推定する。
- 母集団を代表するサンプリングが必要である。

・結果の信頼性を担保するため統計的な有意性の検定が必要である。

・平均の差を求める場合には 10〜15 サンプル以上必要である。

調査対象者のサンプリング方法には，**無作為抽出法**と**有意抽出法**があります。（**図 15.2**）

(a) 無作為抽出法：

無作為抽出を実施するためには，サンプルをとる母体となる母集団の構成員リスト（サンプリング台帳）が必要となります。一般的には，住民基本台帳や選挙人名簿などがあり，これらは申請すれば自由に閲覧できますが，近年は悪用防止の観点から閲覧を制限する動きが広まっています。サンプリング台帳から無作為抽出を行う方法として，**単純無作為抽出法**（乱数を用いる），**系統抽出法**（最初の標本をランダムに，それ以降は等間隔），**多段抽出法**（母集団を小グループに分割，そこからさらに小グループを無作為抽出，これを何度か繰り返してサンプリング），**層化抽出法**（既知の情報を利用して層を設定し，その層別に無作為抽出）が知られています。

(b) 有意抽出法：

有意抽出は，調査者の主観的判断に基づいて対象者を抽出する方法です。有意抽出を行う方法として，**典型法**と**割当て法**が知られています。典型法は，母集団を代表するような典型的な条件を設定し，その条件に沿っ

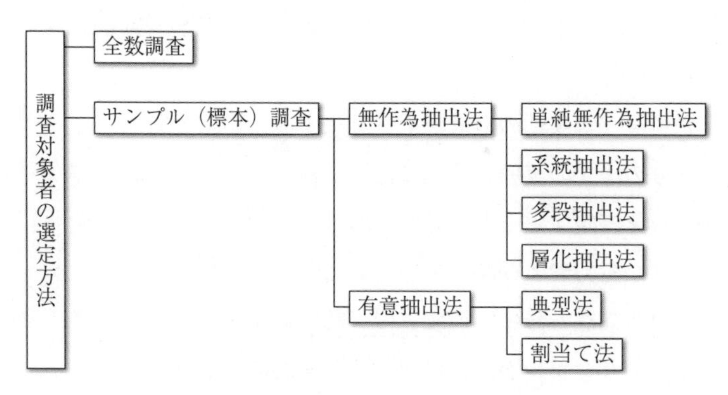

図 15.2　調査対象のサンプリング方法

て対象者を選ぶ方法です。例えば，母集団を代表する組織や人を典型的な条件として設定する，といった方法が用いられます。なにをもって典型的と見なすかは，調査者のノウハウや主観で決定されます。割当て法は，無作為抽出法の層化抽出法と同様の考え方で対象者を抽出しますが，層の基準としてどのような特徴を選ぶかが調査者のノウハウや主観に依存する点が異なります。これら以外の有意抽出法として，縁故法（知人を頼る），募集法（広報誌などで募集），便乗法（別の調査に便乗），偶然法（特定の場に偶然いる人を選定）などが知られています。

最低サンプル数の目安としては，母集団内における比率の推定（例えば，男女比率やグループごとの利用比率など）では100サンプル，回答のばらつきといった分散の推定では30サンプル，平均の推定では15サンプルといわれています。

15.1.4　データの収集方法（調査実施）

データを収集する方法もさまざまあり，よく使用される方法として，① 郵送，② 面接，③ 電話，④ Web などがあります。各方法の特徴はつぎに示すとおりです。

① 質問紙の郵送による調査：
- 質問紙を郵送し返信してもらうので安価で簡単だが，低回答率である。
- 文の読違えなど質問内容への誤回答が混入する可能性がある。

② 面接による調査：
- 調査員が回答者を訪問（公共の場も含む）するので対話が可能であり，誤回答が生じにくい。
- 人件費などで高コストとなり，また対面調査なので匿名性が低く回答時のバイアス（偏りやずれ）が生じる可能性が高い。

③ 電話による調査：
- 広範囲にわたる調査が可能で回答率が高いが，郵送よりも高コストである。
- 電話番号による無作為抽出（random digit dialing）が可能である。

④ Web（インターネット）による調査：

・本人を特定するメール調査と無作為の Web 調査がある。
・きわめて広範な地域で低コストの調査が可能だが，回答層が限定的である。
・認証が不十分な場合には 1 人が何度も回答するリスクがある。

15.1.5　データ分析

多数のデータを集めた場合，すべてのデータが利用可能な品質であるとはかぎりません。回答方法が間違っている，無回答が多い，明らかにでたらめ，など，そのような回答をチェックして集計対象から取り除く必要があります。無効回答を除去したデータが有効回答であり，すべてのデータに対するその比率を計算したものが**回収率**です。また，回答内容に部分的な無回答や非該当など不良データがある場合，それらは**欠損値**（missing value）として扱います。

データは集計しやすいように，表計算ソフトでフォームを作成するか，または統計解析ソフトに入力します。統計解析ソフトでも，原データの入力シートは表計算形式になっています。このような場合に便利なコンピュータ言語として，さまざまな統計処理機能を備えた R 言語がありますが，R 言語を用いる場合でも表計算ソフトでデータシートを作成し，そのファイルを R で読み込む方法が効率的です（**図 15.3**）。データシートは，左端の列にサンプル ID を配置し，順次右側の列に各設問の回答データを配置していきます。欠損値には数値

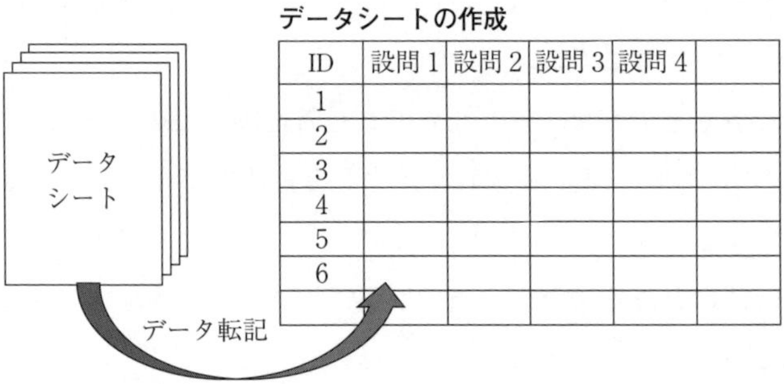
データシートの作成
ID
設問 1
設問 2
設問 3
設問 4
1
2
3
4
5
6
データ
シート
データ転記

図 15.3　データを整理してデータシートを作成する

を割り当てておき，その値（例えば「999」など）を入力します。また，性別などの名義尺度データは，例えば「男性 = 1，女性 = 2」のように数値化します。この作業を**コーディング**といいます。名義尺度による属性別にデータを集計する方法が**クロス集計**であり，いろいろな属性を用いてデータの比較を行うことで，当初は予想しなかった発見をすることがあります。数値回答の集計結果は，最大値，最小値，平均値，中央値，標準偏差などの基礎統計量を求めます。さらに分析を深めるには，例えば因子分析やクラスタ分析など，目的に応じて多変量解析を行います。

15.2 インタビュー法による調査

インタビューは，ユーザの思考や感情，価値観，行動など，観察や質問紙だけではとらえにくいユーザの内面的，質的なデータを，会話を通して収集・分析する方法です。

15.2.1 インタビューの調査形態

インタビュー調査の形態には，対象者と1対1で対話する**デプスインタビュー**と複数人が集まる**フォーカスグループインタビュー**があります。

(1) **デプスインタビュー**：

調査者が調査対象者と1対1で向き合い，対象者の意見（本音など）を聞いていく方法です。

(2) **フォーカスグループインタビュー**：

調査の目的に沿って複数の対象者（フォーカスグループ）を集め，たがいにディスカッションする形で意見を述べてもらう方法です。

15.2.2 インタビューの調査形式

インタビューの調査形式には，調査実施前にどの程度質問内容を決めておくかによって，**構造化インタビュー**と**非構造化インタビュー**に分かれます。

(1)　**構造化インタビュー**：

例えば質問紙や標準化された形式など，あらかじめ決めておいた質問項目に沿って調査者が対象者と対話（質問）を行い情報収集する方法です。この方法は，事前に質問内容が決まっているため，複数の調査者が別の場所で同時並行的にインタビュー調査を行うことが可能です。また，全調査者が同じ質問項目を用いるため，調査者のスキルに依存しないこともメリットの一つです。ただし，決められた内容について聞くだけなので，回答者の答えから深く掘り下げていくことはできません。

(2)　**半構造化インタビュー**：

あらかじめ決められた大まかな質問（インタビューガイド）に沿って対話を行って情報を収集する方法です。対象者からの回答を受けて，それを深く掘り下げるような質問を行ったり，質問の方向を変えたりするようなインタビューです。質問を掘り下げることで，当初の回答だけでは得られなかった本音に近い情報が得られる場合があります。対象者から本音を引き出すには，調査者と対象者との間の信頼関係が大事で，調査者は回答者が安心感をもって回答できる環境をつくることが重要です。

(3)　**非構造化インタビュー**：

調査のテーマだけ決めておき，対話の流れに応じて自由に話をしてもらうインタビュー形式です。事前に質問項目を決めないので，調査者の判断で質問を変えるなど，自由な形式で対話を行うことが可能です。非構造化インタビューは，コンセプトが決まっていない機器に関する調査や，ユーザに関する情報がきわめて少なく仮説構築が難しい場合などで有効です。ただし，話題がさまざまな方向に進む可能性があり，当初予定していたテーマに関する情報が集まらないというリスクがあります。

15.2.3　デプスインタビュー

デプスインタビューの例として，**クリティカルインシデント法**と**エスノグラフィック法**について紹介します。

(1) **クリティカルインシデント法**：

特定の作業を成功/失敗に導いた行動について詳細な情報を収集する手法です。例えば，機器の利用に関してユーザが過去に経験した困難な状況やうまくいった状況を詳細に思い出してもらい，それについて話してもらうなどです。このようなインタビューでは，ユーザが遭遇した状況を忠実に記述することがポイントです。このクリティカルインシデント法では，1対1のデプスインタビュー以外にも，例えば自由回答の質問紙，あるいはインタビューガイドを用いた半構造化インタビューでも実施可能です。

(2) **エスノグラフィック法**：

もともと文化人類学で民族の生活様式などを詳細に記述していく手法です。この手法は，ユーザが生活の現場（家庭など）でどのような行動をしているのかを観察/記述する方法で，ユーザの潜在的な要求を発見する手法として有用です。このエスノグラフィック法では，調査者が対象者と生活や行動を共にし，その行動を観察するとともに非構造化インタビューを行っていきます。

15.2.4 フォーカスグループインタビュー

フォーカスグループインタビューは，少人数（通常，1グループ当り5～6名程度）の対象者が集合して座談会形式で対話を行うインタビューです。モデレータ（司会）が場を進行し，対象者からさまざまな意見を収集します。グループインタビューの目的は，仮説検証ではなく探索的な情報収集であり，潜在的なユーザ要求を掘り起こすような市場調査や商品企画などで利用される方法です。座談会形式でワイワイと対話を進めるので，意見が出やすく多くの意見を収集することができます。また，他の対象者の意見に触発されて意見を述べるなど，対象者同士のディスカッションで幅広い情報収集が期待できます。

引用・参考文献

1) ドナルド A. ノーマン：誰のためのデザイン？ ―認知科学者のデザイン原論，新曜社（1990）
2) 大須賀節雄 編：ヒューマンインタフェース（知識工学講座），オーム社（1992）
3) 海保博之 他：プロトコル分析入門 ―発話データから何を読むか，新曜社（1993）
4) 石井　裕：CSCW とグループウェア ―協創メディアとしてのコンピュータ（ヒューマンコミュニケーション工学シリーズ），オーム社（1994）
5) ベン・シュナイダーマン：ユーザーインタフェースの設計 第2版，日経 BP（1995）
6) 田村　博 編：ヒューマンインタフェース，オーム社（1998）
7) 鎌原雅彦 他：心理学マニュアル質問紙法，北大路書房（1998）
8) 岡田謙一 他：ヒューマンコンピュータインタラクション，オーム社（2002）
9) ヤコブ・ニールセン：ユーザビリティエンジニアリング原論：ユーザーのためのインタフェースデザイン（情報デザインシリーズ），東京電機大学出版局（2002）
10) 黒須正明：ユーザビリティテスティング ―ユーザ中心のものづくりに向けて，共立出版（2003）
11) 原田悦子：「使いやすさ」の認知科学 ―人とモノとの相互作用を考える（認知科学の探究），共立出版（2003）
12) 野島久雄 他：“家の中”を認知科学する ―変わる家族・モノ・学び・技術，新曜社（2004）
13) 樽本徹也：ユーザビリティエンジニアリング ―ユーザ調査とユーザビリティ評価実践テクニック，オーム社（2005）
14) 山岡俊樹：ヒット商品を生む観察工学 ―これからの SE，開発・企画者へ，共立出版（2008）
15) Jonathan Arnowitz 他：ソフトウェアプロトタイピング ―より良い設計を求めて，共立出版（2009）
16) 椎尾一郎：ヒューマンコンピュータインタラクション入門，サイエンス社

(2010)
17) 中川　聰：グラフィックデザイナーのためのユニバーサルデザイン実践テクニック 51，ワークスコーポレーション（2011）
18) 鈴木淳子：質問紙デザインの技法，ナカニシヤ出版（2011）
19) 大島泰郎：生命の定義と生物物理学，生物物理，**50**(3)，pp.112-113（2010）
20) 黒須正明 他：情報機器利用者の調査法（放送大学教材），放送大学教育振興会（2012）
21) 黒須正明：人間中心設計の基礎，近代科学社（2013）
22) 日本規格協会：JIS ハンドブック 2013 人間工学（2013）
23) 深津貴之 他：プロトタイピング実践ガイドスマホアプリの効率的なデザイン手法，インプレス（2014）
24) 安藤昌也：UX デザインの教科書，丸善（2016）
25) 北原義典：イラストで学ぶヒューマンインタフェース 改訂第 2 版（KS 情報科学専門書），講談社（2019）
26) 原田秀司：UI デザインの教科書［新版］マルチデバイス時代のインターフェース設計，翔泳社（2019）
27) 米村俊一 他：コンピュータ科学序説 ―コンピュータは魔法の箱ではありません―そのからくり教えます，コロナ社（2019）
28) 日本規格協会：JIS Z 8530:2019 人間工学 ―インタラクティブシステムの人間中心設計（2019）
29) 米村俊一：「音」を理解するための教科書 ―「音」は面白い：人と音とのインタラクションから見た音響・音声処理工学，コロナ社（2021）

索　　　　引

――著者略歴――

1985年　新潟大学大学院修士課程修了
1985年　日本電信電話株式会社勤務
2008年　博士（学術）（早稲田大学）
2012年　芝浦工業大学教授
　　　　現在に至る

ヒューマンコンピュータインタラクション
―人とコンピュータはどう関わるべきか？
人間科学と認知工学の考え方を包括して解説した教科書―

Human Computer Interaction　　　　© Shunichi Yonemura 2021

2021年4月30日　初版第1刷発行　　★

検印省略	著　者	米　村　俊　一
	発行者	株式会社　コロナ社
		代表者　牛来真也
	印刷所	新日本印刷株式会社
	製本所	有限会社　愛千製本所

112-0011　東京都文京区千石 4-46-10
発行所　株式会社　**コロナ社**
CORONA PUBLISHING CO., LTD.
Tokyo Japan
振替00140-8-14844・電話(03)3941-3131(代)
ホームページ　https://www.coronasha.co.jp

ISBN 978-4-339-02918-5　C3055　Printed in Japan　（金）